Richard Deiss

Elbflorenz und Spree-Athen

555 Städtebeinamen und Stadtklischees
von Blechbudenhausen bis Schlicktown

Adresse des Autors:
Machnowerstr. 65
D-14165 Berlin
Richard.deiss@gmail.com

Herstellung und Verlag: BoD - Books on Demand, Norderstedt

Sechste Auflage 2020, Originalausgabe

©Richard Deiss, Berlin 2020

Printed in Germany

ISBN 978-3-839-1137-45

Der Inhalt dieses Buches entspricht ausschließlich der Privatmeinung des Autors.

Bibliografische Information der Deutschen Nationalbibliothek

Die Deutsche Nationalbibliothek verzeichnet diese Publikation in der Deutschen Nationalbibliografie; detaillierte bibliografische Daten sind im Internet über http://dnb.d-nb.de abrufbar

Inhalt

Vorwort 5

1	**Synonymstädte**	**6**
1.1	Manchester.................... 7	
1.2	Rothenburg 12	
1.3	Venedig........................ 16	
1.4	Paris 20	
1.5	Jerusalem 23	
1.6	Athen 27	
1.7	Rom 29	
1.8	St. Tropez..................... 30	
1.9	Nizza............................. 31	
1.10	Chicago........................ 33	
1.11	Gibraltar....................... 35	
1.12	St. Moritz..................... 37	
1.13	Monte Carlo................. 38	
1.14	Davos............................ 39	
1.15	Wien.............................. 40	
1.16	Florenz.......................... 41	
1.17	Bethlehem.................... 43	
1.18	Prag............................... 44	
1.19	Meran............................ 46	
1.20	Las Vegas 48	
1.21	Dubai 49	
1.22	Brasilia.......................... 50	
1.23	Oxford........................... 51	
1.24	Berlin 52	
1.25	Heidelberg 53	
1.26	Weimar 53	
1.27	Nürnberg...................... 54	
1.28	Hongkong 55	

1.29 Neapel 56
1.30 Bagdad 57
1.31 London 58
1.32 New York 59
1.33 Hamburg 60
1.34 Bremen 61
1.35 Liverpool 62
1.36 Lübeck 63
1.37 Rio de Janeiro 64
1.38 Palermo 65
1.39 Shanghai 66

2   Ehemalige Städtenamen   67

2.1 Römische Stadtnamen 67
2.2 Europa-allgemein 70
2.3 Deutsche Städte allgemein 72
2.4 NS-Stadtbeinamen 74
2.5 DDR-Bezeichnungen 75
2.6 Südosteuropa 76
2.7 Ehemalige Sowjetunion 77
2.8 Indien 78
2.9 China 79
2.10 Ost/Südostasien 80
2.11 Afrika 81

3   Verballhornungen, Spitznamen   82

4   Neuankömmlinge, Alteingesessene   89

5   Kulinarisches   99

6   Heilige Zahlen   111

Anhang   112

Literatur   113

Vorwort

Alle kennen Städtebeinamen wie *Paris des Ostens* oder *Venedig des Nordens* und wissen, auf was dieser Vergleich anspielt. Doch was ist eigentlich gemeint, wenn eine Stadt mit dem englischen Manchester oder mit Florenz verglichen wird? Manchester war einst der Inbegriff einer Textilindustriestadt, andere Textilstädte wurden deshalb als *Manchester von ...* bezeichnet. Und obwohl dies schon mehr als hundert Jahre zurückliegt, steht Manchester immer noch an der Spitze der Städte, die als Beinamengeber dienen, auch wenn von der Textilindustrie meist mehr viel übriggeblieben ist. An frühere Verhältnisse wird mit `*wurde einst genannt*´ erinnert. Überraschenderweise liegt Rothenburg an der Tauber mit an der Spitze. In Deutschland ist es die Stadt, mit der die weitaus meisten anderen Städte verglichen werden. Keine andere deutsche Stadt schafft es unter die Top 15. Seltener als Inbegriff für gewisse Stadteigenschaften dienen Heidelberg, Weimar und Lübeck.

Insgesamt 39 Synonymstädte als Beinamengeber werden im Buch vorgestellt, zusammen mit Listen der mit ihnen zusammenhängenden Stadtbeinamen.

In der sechsten Auflage sind die Orte *Monte Carlo, Hamburg, Bremen, Liverpool* dazugekommen.

Dieser Inhalt wird abgerundet durch Listen ehemaliger Stadtnamen, Verballhornungen und spezielle Stadtspitznamen, und Bezeichnungen für Alteingesessene und Zuwanderer. Solche Sammlungen gibt es in Buchform nur wenige. Ich hoffe, dass das Buch trotz der vielen Tabellen interessanten und nützlichen Lesestoff bietet.

Berlin, im April 2020
Richard Deiss

1. Synonymstädte

In diesem Kapitel werden Städte, die in Stadtbeinamen als Synonym für bestimmte Stadtmerkmale stehen, nach ihrer Häufigkeit aufgelistet. An der Spitze stehen Manchester und Rothenburg ob der Tauber, welches besonders in Deutschland häufig als Bezugsstadt eingesetzt wird. Zufall ist dies nicht. Als es durch die Industrialisierung immer mehr Manchesters gab, wuchs auch das Bedürfnis nach einer heilen Welt, einer romantischen Idylle. Und da man früher noch nicht so weit reiste, suchte und fand man diese in Mitteleuropa. Rothenburg ist als Bezugsstadt auch deshalb so häufig, weil es in Deutschland viele kleine Fachwerkstädte gibt und weil solche Vergleiche gern von der Tourismuswirtschaft generiert oder aufgegriffen werden. Das hat auch zu relativ vielen Nizzas und Merans in Deutschland geführt. Der Volksmund kreiert solche Begriffe eher selten.

Im Buch gelistete Stadtbeinamen (Zahl)

1	Manchester	52
2	Rothenburg ob der Tauber	52
3	Venedig	48
4	Paris	41
5	Jerusalem	34
6	Athen	28
7	Rom	23
8	St. Tropez	20
9	Nizza	17
10	Chicago	15
11	Gibraltar	14
12	St. Moritz	14
13	Monte Carlo	13
14	Wien	12

1.1 Manchester

Stadt	Beiname
Deutschland	
Apolda	*Thüringisches Manchester*
Engelskirchen	*Kleines Manchester*
Barmen u. Elberfeld	*Deutsches Manchester*
Forst	*Deutsches Manchester*
Augsburg	*Bayerisches Manchester*
Hof	*Bayerisches Manchester*
Chemnitz	*Sächsisches Manchester*
Heidenheim	*Schwäbisches Manchester*
Mönchengladbach	*Rheinisches Manchester*
Pfungstadt	*Südhessisches Manchester*
Neumünster	*Manch. Schleswig-Holsteins*

Wofür Manchester steht
Manchester ('*Cottonopolis'*) war eine Schlüsselstadt der Industriellen Revolution. Durch Manchester fließen zahlreiche Bäche, was die Entstehung von durch Wasserkraft angetriebenen Baumwollspinnereien begünstigt hat. Die Baumwolle konnte zudem kostengünstig über den nahen Hafen Liverpool eingeführt werden, der seit 1761 durch den Bridgewater Kanal mit Manchester verbunden war. Mit der raschen Entwicklung der Dampfmaschinentechnik in Großbritannien konnten die Fabriken ihren Energiehunger stillen und weiterwachsen. Mit den Kolonien standen zudem Exportmärkte zur Verfügung. Manchester wurde in Europa bald zum Inbegriff eines industriellen Kapitalismus, der wenig Rücksichten auf die Belange der Arbeiter nimmt (*Manchester-Kapitalismus, Manchester Liberalismus*). Friedrich Engels lebte von 1842 bis 1844 und von 1850 bis 1870 in Manchester. Die Beobachtungen der ersten Jahre hielt er im Buch *„Die Lage der arbeitenden Klasse*

in England' fest. Vielleicht liegt es auch an dieser Schrift, dass Manchester in Deutschland und in Europa bald zum Inbegriff einer durch Textilfabriken geprägten Industriestadt wurde.

Etwa 50 Textilstädte weltweit hatten einst den Beinamen 'Manchester'. In den meisten dieser Städte kam es nach dem Zweiten Weltkrieg zu einem Niedergang der Textilfabriken. In Manchester selbst setzte dieser bereits mit der Weltwirtschaftskrise der 1920er Jahren ein. Die Textilindustrie wanderte immer mehr in Niedriglohngebiete ab (lange vorher schon waren die meisten Fabriken in die Vororte Manchesters abgewandert). In den letzten Jahrzehnten des 20. Jahrhunderts verlagerte sie sich immer mehr nach Asien, einem Kontinent, welcher bereits vor Jahrhunderten eine hochentwickelte Textilproduktion (Indien und China) hatte und einst unter der Verlagerung der Produktion nach Europa litt.

Deutsche Manchester
Mehr als 10 Städte in Deutschland galten wegen ihrer Textilindustrie einst als ‚Manchester', darunter Forst in der Lausitz. Hier wurde 1821 die erste Spinnerei eröffnet. 1840 führte der Tuchmachermeister Groeschke die Herstellung gemusterter Stoffe unter dem englischen Begriff Buckskin (‚Ziegenhaut') ein. Dies stieß auf großen Widerstand der konservativen lokalen Tuchmacherinnung. Doch Groeschkes Innovation setzte sich durch und die Buckskinherstellung verhalf Forst zu einem Wachstumsschub. Im Jahre 1906 gab es in der Stadt bereits 200 Fabriken, die Buckskins herstellten und in denen mit Zulieferbetrieben 11 000 Arbeiter beschäftigt waren. Forst erhielt in dieser Zeit den Beinamen *„Deutsches Manchester'*. Im frühen 20. Jahrhundert kam zeitweise jeder fünfte deutsche Anzug aus Forst.

Manchester in Europa

Frankreich	
Lille	*Französisches Manchester*
Mulhouse (Mülhausen)	*Französisches Manchester*
Roubaix	*Französisches Manchester*
Polen	
Bialystok	*Manchester des Nordens*
Bielsko Biala	*Manchester Schlesiens*
Lodz	*Manchester Polens*
Zary	*Manchester Westpolens*
Tschechische Republik	
Brünn	*Mährisches Manchester*
Liberec	*Böhmisches Manchester*
Humpolec	*Böhmisches Manchester*
Usti nad Orlici	*Ostböhmisches Manchester*
Varnsdorf	*Böhmisches Manchester*
Belgien	
Gent	*Manchester des Kontinents*
(Brüssel-) **Molenbeek**	*Kleines Manchester Belgiens*
Roeselare	*Manchester Flanderns*
Italien	
Biella	*Manchester Italiens*
Gallarte	*Manchester Italiens*
Prato	*Manchester Italiens*
Übriges Europa	
Wald	*Manchester der Schweiz*
Norrköping	*Schwedisches Manchester*
Tampere	*Finnisches Manchester*
Velje	*Dänisches Manchester*
Iwanowo	*Russisches Manchester*
Leskovac	*Serbisches Manchester*
Athen	*Manchester des Südens*
Port Bou	*Katalanisches Manchester*
Gabrovo	*Manchester Bulgariens*
Sliven	*Manchester Bulgariens*
Covilha	*Manchester Portugals*

Als *Deutsches Manchester* wurde manchmal auch das dicht besiedelte Tal der Wupper zwischen Barmen und Elberfeld bezeichnet (Wuppertal wurde erst 1929 u.a. aus diesen Ortsteilen gebildet). Die führende Textilstadt im westdeutschen Raum war jedoch eher Mönchengladbach, im 19. Jahrhundert ein Zentrum der Baumwollindustrie. Die Stadt profitierte um 1810 davon, dass sie unter Napoleon von Frankreich annektiert wurde und dadurch zeitweilig Zugang zum französischen Binnenmarkt hatte.

Manchester in Europa
Zugang zum großen russischen Binnenmarkt bot im 19. Jahrhundert die westpolnische Stadt Lodz, da Polen damals zu Russland gehörte. Etliche Unternehmer aus dem Rheinland gingen damals nach Lodz und gründeten Textilfirmen. Als *russisches Manchester* wurde Iwanowo bezeichnet. Peter der Große hatte 1710 die Errichtung von Textilbetrieben in der Stadt angeordnet. Nach der Oktoberrevolution wurde Iwanowo zum ‚roten Manchester'. Weil die Textilindustrie junge Arbeiterinnen anlockte, wurde die Stadt im Volksmund auch ‚*Stadt der Bräute*' genannt. Italien hat mehrere ehemalige ‚*Manchester*'. In den Tälern um Biella im Piemont wurden bereits seit dem Mittelalter Schafe gehalten und Wolle von den Schäfern selbst verarbeitet. 1817 schmuggelte dann der Italiener Pietro Sella einen englischen maschinellen Webstuhl auf Eselsrücken über die Alpen. Der Maschinenwebstuhl wurde am Ort kopiert, das Wasser aus den Bergen lieferte nötige Energie und bald machten zahlreiche Manufakturen Biella zur Textilstadt. Anders als Biella ist Prato in der Toskana, einst wegen Textilienwiederverwertung *Lumpenzentrum Europas* genannt, noch heute Textilstadt. Hier leben mehr als 10 000 chinesische Einwanderer, die mit niedrigen Löhnen und chinesischem Unternehmergeist die örtliche Textilindustrie am Leben halten.

Manchester der Welt
Ludhiana im Punjab gilt als *Manchester Indiens*. Hier gibt es 8 große und mehr als 6000 kleine Textilfirmen.
In Ahmedabad im unternehmerisch eingestellten indischen Bundesstaat Gujarat wurde 1861 die erste indische Textilfabrik gegründet. 1905 gab es bereits 33 Textilfabriken in der Stadt. Faisalabad entwickelte sich erst nach der Gründung Pakistans zu einer Textilstadt. Als Bangladesh noch zu Pakistan gehörte, war dort die Textilindustrie konzentriert, vor allem in Narsingdi und Dhaka.

Amerika	
Lowell	*Manchester Amerikas*
Manchester, NH	*Manchester Amerikas*
Cambridge	*Manchester Kanadas*
Orizaba	*Manchester Mexikos*
Juiz de Fora	*Manchester von Minas Gerais*
Asien	
Ahmedabad (Indien)	*Manchester des Ostens*
Ludhiana	*Manchester Indiens*
Coimbatore	*Manchester des Südens*
Faisalabad	*Manchester Pakistans*
Narsingdi	*Manchester des Ostens*
Osaka	*Manchester des Ostens*
Ozeanien	
Melbourne	*Manchester Australiens*

Derryfield in New Hampshire wurde 1810 in Manchester umbenannt, denn es sollte dem britischen Vorbild nacheifern und zum Manchester Amerikas werden. Die Stadt beherbergte im 19. Jahrhundert die größte Baumwollspinnerei der Welt. In den 1930er Jahren schloss allerdings der größte Textilbetrieb. Eine weitere wichtige Textilstadt Neuenglands war Lowell. Den örtlichen Fluss säumen heute zahlreiche Backstein-Textilfabriken.

1.2 Rothenburg

Als die Industrialisierung auch in Deutschland einsetzte, wurde klar, dass dies die überlieferte Welt herausforderte, und bald wurde eine Art Gegenpol zur bedrohlich wachsenden Fabrikstadt, wie sie etwa Manchester darstellte, gesucht. Kein Wunder, dass der Romantiker Ludwig Tieck (1773-1853), der Zeichner Ludwig Richter (1803-1884) und der Maler Carl Spitzweg (1808-1885) das fränkische Rothenburg ob der Tauber entdeckten und idealisierten. Rothenburg gilt seither als Inbegriff einer von ansprechender mittelalterlicher Architektur geprägten Kleinstadt. Fachwerkhäuser, Stadtmauer, Tore und Türmchen ergeben in dieser Stadt ein harmonisches, Touristen ansprechendes Gesamtbild. Rothenburg ob der Tauber liegt an der Romantischen Straße und wird vor allem auch durch japanische und amerikanische Touristen besucht, war aber bereits um 1900 ein beliebtes Ziel französischer und britischer Reisender. Überraschenderweise war auch Rothenburg im Zweiten Weltkrieg Bombenziel. 40% der Bausubstanz der Altstadt wurden dabei zerstört. Nach dem Krieg wurden die Gebäude jedoch originalgetreu wiederaufgebaut.

Deutsche Rothenburgs
Heute werden mehr als 30 kleinere deutsche Städte mit gut erhaltener mittelalterlicher Altstadt als *Rothenburg* bezeichnet. Allein in Rheinland-Pfalz sind es 10 Städte, in Nordrhein-Westfalen 11. Allerdings handelt es sich dabei oft nicht um durch den Volksmund geprägte und seit langem eingeführte Formulierungen, sondern eher um neuere Kreationen der Fremdenverkehrswirtschaft. Oft wird ein Fachwerkensemble am Marktplatz als ausreichende Qualifikation für den Beinamen Rothenburg gesehen. Und Städte, die einen solchen Vergleich verdient hätten, wie etwa Schwäbisch Hall,

Stadt	Beiname
Baden-Württemberg	
Gengenbach	*Badisches Rothenburg*
Bönnigheim	*Rothenburg des Zabergäus*
Gochsheim	*Rothenburg des Kraichgaus*
Bayern	
Berching	*Rothenburg der Oberpfalz*
Landsberg am Lech	*Bayerisches Rothenburg*
Nabburg	*Oberpfälzische Rothenburg*
Ostheim	*Rothenburg an der Streu*
Seßlach	*Rothenburg Oberfrankens*
Nordrhein-Westfalen	
Bad Münstereifel	*Rothenburg der Eifel*
Hückeswagen	*Rothenburg ob der Wupper*
Kampen	*Niederrheinisches Rothenburg*
Kronenburg	*Rothenburg der Eifel*
Monschau	*Rheinisches Rothenburg*
Remscheid-Lennep	*Bergisches Rothenburg*
Schwalenberg	*Lippisches Rothenburg*
Tecklenburg	*Westfälisches Rothenburg*
Westerholt	*Westfälisches Rothenburg*
Warburg	*Rothenburg Ostwestfalens*
Zons	*Rheinisches Rothenburg*
Rheinland-Pfalz	
Hachenburg	*Rothenburg des Westerwaldes*
Dausenau	*Rothenburg an der Lahn*
Beilstein	*Rothenburg an der Mosel*
Ediger-Eller	*Rothenburg an der Mosel*
Meisenheim	*Rothenburg an der Glan*
Freinsheim	*Pfälzisches Rothenburg*
Neu Leiningen	*Pfälzisches Rothenburg*
Herrstein-Rhaunen	*Rothenburg des Hunsrücks*
Brandenburg	
Wittstock	*Märkisches Rothenburg*

Hessen	
Büdingen	*Hessisches Rothenburg*
Münnerstadt	*Rothenburg der Rhön*
Herborn	*Nassauisches Rothenburg*
Niedersachsen	
Celle	*Norddeutsches Rothenburg*
Hornburg	*Niedersächsisches Rothenburg*
Otterndorf	*Rothenburg des Nordens*
Quakenbrück	*Rothenburg des Nordens*
Sachsen, Sachsen-Anhalt	
Wolkenstein	*Sächsisches Rothenburg*
Stolberg	*Rothenburg des Vorderharzes*
Tangermünde	*Norddeutsches Rothenburg*
Thüringen	
Mühlhausen	*Thüringisches Rothenburg*
Ummerstadt	*Thüringisches Rothenburg*

Füssen, Wernigerode oder Goslar, führen den Rothenburg-Beinamen nicht, weil sie bereits so schon bekannt genug sind oder andere Beinamen haben. Die an der *Romantischen Straße* gelegenen Städte Dinkelsbühl und Nördlingen können von ihrer Bausubstanz durchaus mit Rothenburg mithalten, liegen aber zu nahe am Original, um mit diesem direkt verglichen werden zu wollen. So gibt es in Baden-Württemberg und Bayern, verglichen mit Nordrhein-Westfalen und Rheinland-Pfalz, trotz reichlichem Fachwerk, relativ wenige *Rothenburgs von*.

Andere Städte nennen sich wiederum mit viel zu wenig Berechtigung *Rothenburg von.*. Wenn Einwohner aus diesen Städten, besonders aus solchen in Nordrhein-Westfalen, das fränkische Original besuchen, konzedieren sie oft, dass ihre Stadt es mit dem echten Rothenburg doch nicht aufnehmen kann.

Rothenburgs in Europa

Polen	
Habelschwerdt	*Schlesisches Rothenburg*
Löwenberg	*Schlesisches Rothenburg*
Paslek	*Ostpreußisches Rothenburg*
Pyritz	*Pommersches Rothenburg*
Stargard	*Pommersches Rothenburg*
Übriges Europa	
Glurns	*Rothenburg Südtirols*
Elbogen/Loket	*Böhmisches Rothenburg*
Kamjanec Podilskij	*Ukrainisches Rothenburg*
Levoca	*Slowakisches Rothenburg*
Ribe	*Dänisches Rothenburg*
Riquewihr	*Elsässisches Rothenburg*
Sighisoara	*Rumänisches Rothenburg*
Znaim	*Mährisches Rothenburg*

Rothenburgs in Europa
Rothenburg ist allerdings ein nur in Deutschland verwendetes Synonym und schloss einst die nach dem Krieg verlorenen Gebiete und andere deutschsprachige Regionen in Europa ein. Habelschwerdt und Löwenberg galten als schlesische Rothenburgs, Paslek und Stargard als pommersche Rothenburgs. In diesen Städten verwendet man heute den Begriff nicht mehr, da in Polen Rothenburg als Bezugsstadt relativ unbekannt ist. So wird die Weltkulturerbestadt Zamosc im Osten Polens nicht mit Rothenburg verglichen, sondern mit Padua.
Etliche der bunten Fachwerkkleinstädte im Elsass kämen für einen Rothenburgvergleich in Frage. Doch nur für Riquewihr hat sich dieser Beiname eingebürgert. Auch in der Schweiz, wo es zahlreiche hübsche Fachwerkstädte gibt, ist es nicht üblich, eine Stadt mit Rothenburg zu vergleichen.

1.3 Venedig

Stadt	Beiname
Deutschland	
Boizenburg	*Klein-Venedig des Nordens*
Hamburg	*Venedig des Nordens*
Friedrichstadt	*Venedig des Nordens*
Putbus	*Venedig des Nordens*
Salzwedel	*Klein-Venedig*
Stralsund	*Venedig des Nordens*
Wasserburg	*Bayerisches Venedig*
Leipzig	*Venedig des Ostens*

Wofür Venedig steht
Was mit Venedig assoziiert wird, ist relativ klar: eine Stadt mit Kanälen oder zumindest viel Wasser. Jeder hat das Bild der Lagunenstadt, die zum UNESCO-Welterbe gehört, im Kopf.
Deshalb liegt es auf der Hand, eine so von Kanälen geprägte Stadt wie Amsterdam als *Venedig des Nordens* zu bezeichnen. Amsterdam ist jedoch die einzige Kanalstadt, die in ihrer Einzigartigkeit an Venedig herankommt. Für die meisten anderen Städte ist die Bezeichnung *Venedig* weit weniger berechtigt. St. Petersburg gilt als ein *Venedig des Nordens*. Peter der Große war ein Bewunderer Hollands und hat in der Stadt Kanäle wie in Amsterdam anlegen lassen. Stockholm mit seinen vielen Inseln (aber wenig Kanälen) trägt denselben Beinamen.

Venedig in Deutschland
Auch für Hamburg, das angeblich mehr Brücken hat als Venedig und Amsterdam zusammen, ist der Vergleich mit Venedig nicht ganz abwegig und gewinnt durch den Bau der Hafencity künftig an Berechtigung. Friedrichstadt in Schleswig-Holstein wurde von Holländern errichtet und wirkt wie eine kleine holländische Kanal-

stadt. Klein-Amsterdam träfe auf Friedrichstadt deshalb zu, der Vergleich mit Venedig wirkt ein bisschen weit hergeholt, ebenso für Stralsund und Putbus.

Im Binnenland reicht oft bereits wenig Wasser, eine Stadt zur Bezeichnung *Venedig* zu verhelfen. Das kanallose, aber an einer Innschleife gelegene Wasserburg wird auch *bayerisches Venedig* genannt. Leipzig wurde überraschenderweise auch schon *Venedig des Ostens* genannt. Die Stadt hat keinen dominierenden Fluss, jedoch mehrere kleinere Flüsse, (Parthe, Elster) und zusätzlich Kanäle. Im Stadtteil Plagwitz ist auf dem Karl-Heine-Kanal sogar eine Gondel verankert.

Venedig in Europa

Mittel- und Osteuropa	
Breslau	*Polnisches Venedig*
St. Petersburg	*Venedig des Nordens*
Litelova (CZ)	*Venedig von Hana*
Telc (CZ)	*Mährisches Venedig*
Vilkovo (Ukraine)	*Venedig des Ostens*
Nord- und Westeuropa	
Stockholm	*Venedig des Nordens*
Brügge	*Venedig des Nordens*
Amsterdam	*Venedig des Nordens*
Giethoorn	*Venedig der Niederlande*
Cork	*Irisches Venedig*
Galway	*Venedig des Westens*
Birmingham	*Venedig des Nordens*
Frankreich, Südeuropa	
Aveiro	*Venedig Portugals*
Empuriabrava	*Venedig Spaniens*
Annecy	*Venedig der Alpen*
Montargis (F)	*Venise du Gâtinais*
Nantes	*Venedig des Westens*
Redon	*Venedig des Westens*
Sete	*Venedig des Languedoc*
Puerto de Morgan	*Venedig des Südens*

In Telc im Süden der Tschechischen Republik gibt es keine Kanäle. Hier reichen bereits zwei Teiche für den Beinamen *Venedig*, Ähnliches gilt für das mährische Litelova, dem *Venedig von Hana*. Im Jahr 2005 war die südirische Hafenstadt Cork Europäische Kulturhauptstadt. Im selben Jahr wurde Cork als *Venice of Ireland* bezeichnet. Ein Kommentator meinte, dies wäre weit hergeholt, denn er hätte noch nie einen Italiener sagen hören, Venedig wäre das Cork Italiens.

Venedig weltweit
Für Bangkok mag der Vergleich mit Venedig früher, als es dort noch zahlreiche Klongs (Wasserwege) gegeben hat, zutreffend gewesen sein. Heute jedoch, da die meisten Wasserläufe in der Stadt zugeschüttet sind, ist von einem *Venedig des Ostens* nicht mehr viel zu sehen.
Auch Abu Dhabi wird trotz seiner Nähe zur Wüste als *Venedig des Ostens* bezeichnet. Denn Abu Dhabi liegt auf einer Insel und ist von künstlichen Inseln und Wasserläufen umgeben. Durch seine Lage am Schatt al-Arab, der aus dem Zusammenfluss von Euphrat und Tigris entsteht, gilt die im Inland gelegene irakische Hafenstadt Basra ebenfalls als ein *Venedig des Ostens*.
Das chinesische Suzhou liegt am um 600 nach Christus entstandenen Kaiserkanal, der mit 1800 km längsten künstlichen Wasserstraße der Welt, und auch innerhalb der Stadt gibt es ein dichtes Kanalnetz. Der Venezianer Marco Polo soll Suzhou 1276 besucht und als eine der schönsten Städte der Welt bezeichnet haben. Kein Wunder deshalb, dass Suzhou zum Beinamen *Venedig des Ostens* kam. Als zweite chinesische Stadt führt die UNESCO-Welterbestadt Lijiang in der südlichen Provinz Yunnan wegen zahlreicher Bäche und Kanäle in der Altstadt den Beinamen *Venedig des Ostens*. Bei der nur per Boot erreichbaren, dicht am Festland gelegenen kleinen

runden und völlig überbauten mexikanischen Insel Mexcaltitan liegt der Vergleich mit Venedig nahe, ebenso für den Mexiko-Stadt Vorort Xochimilco mit seinen bunten Booten. Für das brasilianische Recife mit seinen wenigen und eher unattraktiven innerstädtischen Wasserläufen gilt er jedoch als weit hergeholt.

Sogar in der Sahelzone gibt es ein Venedig. Die Altstadt von Mopti liegt auf drei Inseln am Zusammenfluss von Niger und Bani, deshalb der Beiname *Venedig Malis*.

Asien, Ozeanien	
Abu Dhabi	*Venedig des Ostens*
Basra	*Venedig des Ostens*
Suzhou	*Venedig des Ostens*
Lijiang (China)	*Venedig des Ostens*
Zhouzhuang	*Venedig des Ostens*
Bangkok	*Venedig des Ostens*
Sitangkai	*Venedig der Philippinen*
Srinagar	*Venedig des Ostens*
Udaipur (Indien)	*Venedig des Ostens*
Alleppey (Indien)	*Venedig des Ostens*
Nan Madol	*Venedig des Pazifiks*
Amerika	
Cranford	*Venedig von New Jersey*
Ford Lauderdale	*Venedig von Amerika*
Tarpon Springs	*Venedig des Südens*
San Antonio	*Venedig des Südens*
Xochimilco	*Venedig Mexikos*
Mexcaltitan	*Venedig Mexikos*
Recife	*Venedig des Südens*
Afrika	
Mopti	*Venedig von Mali*
Ganvie (Benin)	*Venedig Afrikas*

1.4 Paris

Stadt	Beiname
Deutschland	
Düsseldorf	*Klein Paris*
Leipzig	*Klein-Paris*
Lindenberg (Allgäu)	*Klein Paris*
Güstrow	*Klein Paris*
Rostock	*Klein Paris*
Ergenzingen	*Klein Paris*
Oberdischingen	*Klein Paris*
Gerbach	*Klein Paris*
Europa	
Bukarest	*Paris des Ostens*
Budapest	*Paris des Ostens*
Riga	*Paris des Ostens*
Prag	*Paris des Ostens*
Stettin	*Paris des Ostens*
Teplice	*Klein Paris*
Aalborg	*Paris des Nordens*
Vänersborg (Schweden)	*Klein Paris*
Kristianstad (Schweden)	*Paris des Nordens*
Tromsö	*Paris des Nordens*
Korfu	*Klein Paris*

Paris ist Inbegriff einer prächtigen, großzügig angelegten Stadt. Seine *Grands Boulevards* hat Paris vor allem seinem Präfekten Georges-Eugène Baron Haussmann zu verdanken (1809-1891), der dafür allerdings auch viel mittelalterliche Bausubstanz abreißen ließ.

Im 19. und frühen 20. Jahrhundert, als in Europa die Städte schnell wuchsen, war Paris stadtplanerisch Maß aller Dinge, vor allem auch für osteuropäische Metropolen. Als Bukarest im 19. Jahrhundert Hauptstadt wurde und später Ölförderung Geld in die Kassen des Landes

spülte, wurden großzügige Straßen mit prächtigen Gebäuden angelegt. Nach dem 2. Weltkrieg ging von der Pracht viel verloren und nach Jahrzehnten Ceausescu Diktatur ähnelte Bukarest eher einer Drittweltstadt.
Seit der Wende erholt sich das Stadtbild, amerikanisiert sich aber auch. *Paris des Ostens* ist aus heutiger Sicht immer noch zu hoch gegriffen, wenige Straßenzüge in der Innenstadt werden dem gerecht.
Manchmal wird auch Budapest als *Paris des Ostens* bezeichnet. Das Stadtbild litt unter dem Kommunismus weniger als das von Bukarest und manchen Boulevards kann eine Pariser Großzügigkeit nicht ganz abgesprochen werden. Eine der schönsten Städte Mitteleuropas ist Prag. Trotzdem passt hier die Bezeichnung *Paris des Ostens* nicht besonders, da Prag eher von mittelalterlicher Architektur geprägt ist und nur wenige Boulevards aufweist. Als weiteres Paris im Osten gilt Riga. Seine gut erhaltene Jugendstilarchitektur verhalf der Stadt zum Beinamen. Aber auch deutsche Städte tragen den Beinamen (Klein) Paris.
In *Faust l* lässt Goethe einen Frosch sagen: *mein Leipzig lob ich mir- es ist ein Klein-Paris und bildet seine Leute.*
Napoleon soll im Jahre 1811 wiederum Düsseldorf als *Klein-Paris am Rhein* bezeichnet haben. Düsseldorf, wie Paris eine Mode-Metropole, sieht sich auch als *21. Arrondissement von Paris*. Der Mode beziehungsweise seiner Hutproduktion hatte die Allgäustadt Lindenberg einst ihren Beinamen *Klein Paris* zu verdanken.
In den 1930er Jahren galt Shanghai als ein *Paris des Ostens*. Dazu trugen auch europäische Exilanten bei. Nach dem Bauboom der letzten Jahrzehnte, der einen Wolkenkratzerwald hat entstehen lassen, sind die Ähnlichkeiten mit Paris aber gering geworden.
Das kanadische Montreal gilt wegen seiner französischen Kultur als *Paris Nordamerikas*. Manche bezeichnen es

Nordamerika	
Saskatoon	*Paris of the Prairies*
Montreal	*Paris without the jetlag*
Asheville (North Carolina)	*Paris of the South*
Augusta (Georgia)	*Paris of the South*
Carrboro	*Paris of the Piedmont*
Chicago	*Paris on the Prairie*
Cincinnati	*Paris of America*
Detroit	*Paris of the Midwest*
Kansas City	*Paris of the Plains*
New Orleans	*Paris of the South*
Lateinamerika	
Buenos Aires	*Paris Lateinamerikas*
Manaus	*Paris des Dschungels*
Asien	
Da Lat	*Klein Paris*
Saigon	*Paris des Ostens*
Bandung	*Paris of Java*
Beirut	*Paris des Ostens*
Shanghai	*Paris des Ostens*
Irkutsk	*Paris Sibiriens*
Ordu (Türkei)	*Klein Paris*
Afrika	
Abidjan	*Paris Afrikas*
Dakar	*Paris Afrikas*
Kairo	*Paris am Nil*

auch als *Paris without the jet lag*, da es französische Atmosphäre mit der Zeitzone des amerikanischen Nordostens verbindet. Auch Asheville in North Carolina gilt als *Paris Amerikas*. Asheville boomte in den 1920er Jahren, wurde dann aber von der Wirtschaftskrise hart getroffen. Die folgende ökonomische Stagnation führte dazu, dass die Stadt einen hohen Anteil gut erhaltener ansehlicher Art Deco-Bauten hat.

1.5 Jerusalem

Stadt	Beiname
Deutschland	
Berlin	*Jerusalem des Westens*
Hamburg	*Jerusalem des Nordens*
Fürth	*Fränkisches Jerusalem*
Speyer	*Rheinisches Jerusalem*
Worms	*Rheinisches Jerusalem*
Mittel- und Osteuropa	
Prag	*Jerusalem des Westens*
Kiew	*Jerusalem des Ostens*
Lemberg	*Jerusalem des Ostens*
Albendorf	*Schlesisches Jerusalem*
Brody	*Galizisches Jerusalem*
Lublin	*Jerusalem des Ostens*
Vilnius	*Jerusalem des Nordens*
Boskovice	*Mährisches Jerusalem*
Sadonsk	*Russisches Jerusalem*
Minsk	*Jerusalem Weißrusslands*
Krasnaja Sloboda	*Kaukasisches Jerusalem*
Westeuropa	
Amsterdam	*Jerusalem des Westens*
Antwerpen	*Jerusalem des Westens*
Straßburg	*Jerusalem des Westens*
Nordeuropa	
Jönköping	*Schwedisches Jerusalem*
Visby (Schweden)	*Jerusalem des Nordens*
Trondheim	*Jerusalem des Nordens*
Südeuropa	
Sarajewo	*Klein-Jerusalem*
Toledo	*Jerusalem des Westens*
Thessaloniki	*Griechisches Jerusalem*

Wofür Jerusalem steht
Jerusalem steht meistens für eine Stadt mit (früher) ausgeprägtem jüdischem Leben, kann aber auch für eine christliche Stadt (bzw. einen Wallfahrtsort) stehen.

Jerusalem des Ostens
Vor dem Zweiten Weltkrieg und der Vernichtung jüdischer Kultur gab es in zahlreichen osteuropäischen Großstädten jüdische Stadtviertel, Schtetl genannt. Städte mit großer jüdischer Gemeinde wurden auch *Jerusalem des Ostens* bzw. des *Nordens* genannt.
1812 nannte Napoleon das litauische Vilnius ein „*Jerusalem des Nordens*" (heute sagt man zu Vilnius auch „*Jerusalem des Ostens*"). Vor dem Zweiten Weltkrieg lebten hier 80 000 Juden, die Stadt hatte 100 Synagogen. Über 90% der Juden Litauens wurden Opfer des Genozids. Ein anderes Jerusalem im Osten war Kiew, wo vor dem deutschen Überfall auf die Sowjetunion 350 000 Juden lebten. Für die Kiewer Juden war Odessa eine Art Sehnsuchtsstadt. Sie sagten nicht ‚Leben wie Gott in Frankreich', sondern ‚*Leben wie Gott in Odessa*'. Weitere Städte mit großen jüdischen Gemeinden in Osteuropa, die deshalb *Jerusalem des...* genannt wurden, waren Lemberg (Ukraine), Lublin (Polen) und Prag (Letzteres galt auch als *Jerusalem des Westens*).

Jerusalem in Deutschland
Fürth in Franken war im 18. Jahrhundert mit seiner großen jüdischen Gemeinde eine der spirituellen Hauptstädte des Judentums in Europa. Hier gab es eine bedeutende Hochschule zum Studium des Talmuds. Fürth, wo auch der (jüdische) Ex-US-Außenminister Kissinger geboren wurde, galt deshalb einst als *Fränkisches Jerusalem*. Jüdisches Leben war im Mittelalter in Worms und Speyer ausgeprägt. Die beiden Orte galten damals jeweils als *Rheinisches Jerusalem*.

Ansonsten gab es jüdisches Leben vor dem Krieg vor allem in deutschen Großstädten. So wurde manchmal Berlin als *Jerusalem des Westens* bezeichnet, seltener Hamburg.

Jerusalem des Westens
In Westeuropa siedelten sich einst viele Juden in den glaubenstoleranten Niederlanden an. Amsterdam wurde so zu einem *Jerusalem des Westens*. Vor dem Zweiten Weltkrieg lebten hier 80 000 Juden. Vom jiddischen Wort für Stadt (Mokum) leitet sich noch heute Amsterdams Spitzname Mokum ab.
Weiter im Süden war Antwerpen lange einer der wichtigsten Häfen Europas. Als die Niederlande mit Spanien und Habsburg in einem Reich vereinigt waren, flohen viele spanische Juden aus dem glaubensintoleranter gewordenen Spanien nach Antwerpen. Nach dem Zweiten Weltkrieg kamen orthodoxe Juden aus Osteuropa dazu. Heute ist Antwerpen eines der Zentren des orthodoxen Judentums außerhalb von Israel. Besonders das Bahnhofsviertel mit seiner Diamantenbörse entwickelte sich zu einem jüdischen Viertel. Antwerpen gilt als eine der Diamanten-Welthauptstädte.

Jerusalem des Nordens
Im 12. Jahrhundert entwickelte sich Trondheim aufgrund des Grabes des zum Heiligen erklärten Königs Olav zu einem Pilgerzentrum im Norden Europas. Trondheim wurde deshalb *Jerusalem des Nordens* genannt. Mit dem Protestantismus wurde allerdings 1537 das Pilgern in Norwegen verboten und Trondheims Rolle ging verloren.

Jerusalem des Südens
Mit der Reconquista und der Vertreibung der Araber aus Spanien ging auf der Iberischen Halbinsel im 15. Jahrhundert die Zeit religiöser Toleranz zu Ende. Es kam zu Pogromen gegen die jüdische Bevölkerung und viele

Juden flohen nach Nordafrika oder ins damals zum glaubenstoleranteren Osmanischen Reich gehörende Saloniki. Saloniki wurde so zu einem *griechischen Jerusalem* (besonders griechisch war es damals allerdings noch nicht).

Jerusalem außerhalb Europas

Asien	
Kansk	*Jerusalem Sibiriens*
Al-Sarim	*Jerusalem des Südens*
Pjöngjang	*Jerusalem des Ostens*
Nanjing	*Jerusalem des Ostens*
Amerika	
Montreal	*Jerusalem des Nordens*
Memphis	*Jerusalem des Südens*
Afrika	
Djerba	*Jerusalem des Südens*
Lalibela	*Jerusalem des Südens*
Alexandria	*Jerusalem des Südens*

Obwohl in New York mehr Juden leben als in jeder anderen Stadt der Welt, hat New York nicht den Beinamen Jerusalem of America oder Jerusalem of the North. Auch Miami und Los Angeles, weitere wichtige Zentren jüdischen Lebens in Nordamerika, haben keinen Jerusalem-bezogenen Beinamen. Einen solchen trägt jedoch Memphis im protestantischen Bibelgürtel der Südstaaten, weil sich hier aller Umstände zum Trotz eine lebendige jüdische Gemeinde entwickelt hat.

In Afrika galt einst Alexandria als *Jerusalem des Südens*. Wie in allen arabischen Ländern ist auch hier die Zahl der Juden in den letzten Jahren immer weiter zurückgegangen. Das gilt auch für die tunesische Insel Djerba, einst *Jerusalem des Südens* genannt.

1.6 Athen

Stadt	Beiname
Deutschland	
Berlin	*Spreeathen*
Biberach	*Riss-Athen*
Weimar	*Ilm-Athen, deutsches Athen*
Europa	
Belfast	*Athen Irlands*
Cordoba	*Athen des Westens*
Edinburgh	*Athens of the North*
Jyväskylä	*Athens of Finland*
Kromeriz	*Athen der Hanna-Region*
Lüttich	*Athen des Nordens*
Ostroh (Ukraine)	*Athens of Volyn*
Papa	*Athen Transdanubiens*
Sarospatak (Ungarn)	*Athen am Bodrog*
Tartu	*Athen Estlands*
Nordamerika	
Atlanta	*Athens of the South*
Berkeley	*Athens of the West*
Boston	*Athens of America*
Columbus	*Athens of the Prairie*
Deland	*Athens of Florida*
Iowa City	*Athens of Midwest*
Marshall	*Athens of Texas*
Nashville	*Athens of the South*
Troy	*Athens of Midwest*
Lateinamerika, übrige Welt	
Bogota	*Athens of South America*
Cuenca	*Athen Ecuadors*
Lares	*Athen Puerto Ricos*
São Luis	*Athen Brasiliens*
Freetown	*Athens of Africa (einst)*
Madurai (Indien)	*Athen des Ostens*
Melbourne	*Athens of the South*

Athen, die Stadt von Aristoteles, Platon und Sokrates steht für einen Ort der Musen, besonders der Philosophen, Dichter und Schriftsteller. Teilweise werden auch Städte mit einem hohen Anteil klassischer Architektur oder mit einer Art Akropolis mit Athen verglichen.
Alle diese Merkmale vereint Edinburgh: im 19. Jahrhundert ein Zentrum der Literatur und des Geisteslebens, mit klassischer Architektur und einem akropolisartigen Vulkanstumpf im Zentrum. Berlin hat den Beinamen *Spree-Athen*. Die Bezeichnung wurde wohl erstmal in einem auf Friedrich I. gemünzten Gedicht von Erdmann Wirckers verwendet. Wirckers dichtete 1706:
Die Fürsten wollen selbst in deine Schule gehen,
drumb hastu auch für sie ein Spree-Athen gebauet.

Angesichts vieler Graffiti-Künstler in der Stadt wurde der Beiname auch schon zu *Spray-Athen* verballhornt.
Biberach liegt an der Riss. Weil der Rokokodichter Christoph Martin Wieland, in Oberholzheim bei Biberach geboren, einige Jahre in der Stadt tätig war, wird diese von Lokalpatrioten auch *Riss-Athen* genannt. Um das Jahr 1000 war das südspanische Cordoba eine der größten Städte der Welt und ein Zentrum islamischer Gelehrsamkeit. Eine Verbindung zu Athen bestand auch dadurch, dass die Araber die griechische Philosophie und Wissenschaft wiederentdeckten. Cordoba galt im Mittelalter deshalb als *Athen des Westens*. Boston ist mit dem *Massachusetts Institute of Technology* und der Harvard-Universität im Vorort Cambridge ein wichtiges Bildungszentrum der USA. Insgesamt gibt es 60 Colleges und Universitäten im Raum Boston und kein anderer Ballungsraum der USA hat einen höheren Studentenanteil. Angesichts dessen ist es kein Wunder, dass Boston auch *Athens of America* genannt wird. Aus ähnlichen Gründen gilt Berkeley als *Athens of the West*, das hochschulreiche Bogota als *Athen Südamerikas*.

1.7 Rom

Stadt	Beiname
Deutschland	
Bamberg	*Fränkisches Rom*
Dillingen	*Schwäbisches Rom*
Trier	*Das zweite Rom*
Magdeburg	*Das Rom des Ostens*
Erfurt	*Das thüringische Rom*
Wittenberg	*Protestantisches Rom*
Europa	
Armagh	*Irisches Rom*
Braga	*Portugiesisches Rom*
Caceres	*Spanisches Rom*
Merida	*Spanisches Rom*
Trnava	*Slowakisches Rom*
Olmütz	*Mährisches Rom*
Debrecen	*Kalvinistisches Rom*
Krakau	*Polnisches Rom*
Moskau	*Das dritte Rom*
Neisse	*Schlesisches Rom*
Zadar	*Kroatisches Rom*
Genf	*Protestantisches Rom*
Salzburg	*Rom des Nordens*
Vilnius	*Rom des Nordens*
Welt	
Itu	*Brasilianisches Rom*
Salvador de Bahia	*Schwarzes Rom*
Ayacucho	*Rom der Anden*

Rom steht für eine von Kirchen oder christlicher Religion geprägte (katholische) Stadt. Eine Ausnahme ist Trier, welches weniger wegen seiner (bedeutenden) Kirchen so heißt, sondern weil es zur Römerzeit eine der größten römischen Siedlungen nördlich der Alpen war. Es wurde *Roma Segunda* (zweites Rom) genannt.

In Deutschland werden manche Städte mit vielen Kirchtürmen als ‚Rom' bezeichnet. Dazu zählt Bamberg, wie Rom auf sieben Hügeln erbaut, Magdeburg, wegen seines Domes *Rom des Ostens* genannt, Erfurt und sogar Dillingen an der Donau, mit seiner Basilika und seiner Klosterkirche ein *schwäbisches Rom* in Bayern (im bayerischen Regierungsbezirk Schwaben). Wegen seiner Kirchenbauten galt einst die Stadt Neisse als *schlesisches Rom* (heute gehört sie als Nysa zu Polen). Nicht nur katholische Städte werden Rom genannt. Nachdem Martin Luther (1483-1546) in Wittenberg seine 95 Thesen bekanntmachte (und diese angeblich mit einem Nagel an eine Tür schlug), wurde die Stadt später auch *protestantisches Rom* genannt. Als weiteres *protestantisches Rom* gilt durch das Wirken Calvins (1509-1564) das schweizerische Genf. Trotzdem wird nicht Genf, sondern die ostungarische Stadt Debrecen als *Kalvinistisches Rom* bezeichnet. Dessen Bewohner konvertierten im 16. Jahrhundert zum calvinistischen Glauben und 168 Jahre lang wohnten dort nur Calvinisten.

Als Polens Rom gilt Krakau. Es heißt dort *'Wenn es Rom nicht gäbe, würde Krakau Rom sein'*.

Als zweites Rom galt einst Konstantinopel. Im 4. Jahrhundert wurde dorthin die Hauptstadtfunktion des Römischen Reiches verlegt und die Stadt wurde im politischen Sinne zum Zweiten Rom. Im Jahre 1054 kam es zur Kirchenspaltung zwischen einer lateinischen weströmischen Kirche und der östlichen orthodoxen Kirche. Deren Zentrum Konstantinopel war nun auch im kirchlichen Sinn ein *zweites Rom*. Nachdem Byzanz 1453 durch Sultan Mehmet II. erobert worden war, versuchte Moskau dessen Rolle einzunehmen und es hieß ‚*Moskau ist das dritte Rom und ein viertes wird es nicht geben'*.

1.8 Saint-Tropez

Stadt	Beiname
Deutschland	
Bitterfeld	*Saint-Tropez des Ostens (ironisch)*
Kampen (Sylt)	*Saint-Tropez des Nordens*
Nord- und Westeuropa	
Båstad	*Saint-Tropez Schwedens*
Kragerø	*Saint-Tropez Norwegens*
Skagen	*Saint-Tropez Dänemarks*
Deauville	*Saint-Tropez des Nordens*
Megève	*Saint-Tropez des Nordens*
Sobot (Zoppot)	*Polens Saint-Tropez*
Mittelmeer, Südeuropa	
Bodrum	*Saint-Tropez der Türkei*
Cascais	*Saint-Tropez Portugals*
Hvar (Insel)	*Saint-Tropez Kroatiens*
Mykonos	*Saint-Tropez Griechenlands*
Piran	*Saint-Tropez Sloweniens*
Portofino	*Saint-Tropez Liguriens*
Sitges	*Saint-Tropez Spaniens*
Sveti Stefan	*Saint-Tropez von Montenegro*
Svaeti Vlas	*Saint-Tropez Bulgariens*
Taormina	*Saint-Tropez Siziliens*
Varosha	*Saint-Tropez Zyperns (einst)*
Übrige Welt	
Punta del Este	*Saint-Tropez Südamerikas*

Saint-Tropez an der südfranzösischen Côte d´Azur entwickelte sich seit den 1950er Jahren von einem beschaulichen Fischerdorf, zu einem Treffpunkt der High Society. In Deutschland wurde Saint-Tropez durch Gunter Sachs und Brigitte Bardot bekannt. St. Tropez ist heute Inbegriff eines kleinen, pittoresken und mondänen Hafenortes mit Promi-/Jet-Set-Faktor.

1.9 Nizza

Stadt	Beiname
Deutschland	
Aschaffenburg	*Bayerisches Nizza*
Bad Honnef	*Deutsches Nizza*
Radebeul	*Sächsisches Nizza*
Kandern	*Badisch Nizza*
Gengenbach	*Badisch Nizza*
Überlingen	*Badisches Nizza*
Gleisweiler	*Pfälzisches Nizza*
Römhild	*Thüringisches Nizza*
Wiesbaden	*Nizza des Nordens*
Usedom	*Nizza des Ostens*
Heringsdorf	*Nizza des Ostens*
Binz	*Nizza des Ostens*
Europa	
Opatija	*Kroatisches Nizza*
Jalta	*Russisches Nizza*
Sotschi	*Russisches Nizza*
Welt	
Nha Trang	*Nizza des Ostens*
Bodrum	*Türkisches Nizza*

Das französische Nizza galt früher als Inbegriff einer südlichen Kurstadt mit prächtiger Promenade.

Der Naturforscher Alexander von Humboldt (1769-1859) nannte Bad Honnef wegen seines milden Klimas und seiner südlichen Atmosphäre einst ein *rheinisches Nizza*.

König Ludwig I. von Bayern, der 1825 nach dem Tod seines Vaters Maximilian inthronisiert wurde, hatte von 1816-1825 seine Kronprinzenjahre in Würzburg verbracht. Auch als König fühlte er sich Unterfranken verbunden und wählte Aschaffenburg zu seiner Sommerresidenz. 1840-1848 ließ er dort das Pompejanum errichten. Ludwig wollte Aschaffenburg zu einem *Bayerischen Nizza* machen. Im Februar 1868 starb er 81-jährig - in Nizza (Frankreich).

Um 1900 war Wiesbaden eine der wichtigsten Kurstädte Europas und Altersresidenz vieler vermögender Industrieller. Obwohl eine Promenade am Wasser fehlt, galt Wiesbaden damals als *Nizza des Nordens*.

Frankfurt gilt nicht als Nizza. Am Mainufer gibt es jedoch eine Parkanlage, die wegen ihres milden Mikroklimas und entsprechender Pflanzen *Nizza-Ufer* genannt wird.

Zu den weiteren deutschen Orten, welche sich den Beinamen Nizza gegeben haben, gehören die Ostseebäder Heringsdorf (Usedom) und Binz (Rügen) mit ihrer eleganten weißen Badearchitektur an der Strandpromenade.

Auch in Sachsen gibt es ein Nizza - den Dresdner Vorort Radebeul, einst Wohnort von Karl May und heute die ostdeutsche Stadt mit der höchsten Millionärsdichte.

Römhild in Thüringen liegt so nahe an der bayerischen Grenze, dass es nicht nur *thüringisches*, sondern auch *fränkisches Nizza* genannt wird. Nicht nur wegen mangelnder Promenade wirkt der Vergleich mit Nizza jedoch weit hergeholt.

In Südbaden können mehrere Städte wegen ihres milden Klimas mit dem Beinamen Nizza aufwarten, darunter die hübsche Bodenseestadt Überlingen mit ihrem südlichen Flair, Gengenbach im Schwarzwald und Kandern.

Als Kroatien noch zu Österreich-Ungarn gehörte, war Opatija eine Art Nizza der Donaumonarchie. Zum Aufschwung des Ortes trug die österreichische Südbahngesellschaft bei, deren Bahnlinie Wien-Rijeka in Opatija einen Halt aufwies. Russland hatte einst sogar zwei Nizzas: Jalta auf der Krim und damit heute in der Ukraine und Sotschi am Schwarzen Meer, wo 2014 die Olympischen Winterspiele stattfinden.

1.10 Chicago

Stadt	Beiname
Nordamerika	
Gastonia, NC	*Little Chicago*
North Platte	*Little Chicago*
Johnson City	*Little Chicago of the South*
Sioux City	*Little Chicago*
Kanada	
Moose Jaw	*Little Chicago*
Winnipeg	*Chicago of the North*
Übrige Welt	
Berlin	*Europäisches Chicago*
Charleroi	*Chicago an der Sambre*
Kattowitz	*Polnisches Chicago*
Sheffield	*Little Chicago*
Nowosibirsk	*Chicago Sibiriens*
Nablus	*Chicago des Mittleren Ostens*
Hankou	*Chicago des Ostens*
Culiacan	*Little Chicago*
Rosario	*Argentinisches Chicago*

Chicago, 1833 gegründet, galt lange als amerikanischste Stadt der USA und hat zahlreiche Beinamen. Wegen des windigen Klimas gilt Chicago als ‚Windy City'. Weil es die zweitgrößte Stadt des Landes war, sagte man auch ‚Second City'. Mittlerweile ist allerdings Los Angeles die zweitgrößte Stadt der USA. Im Jahre 2008 hatten die größten Kernstädte der USA folgende Einwohnerzahlen: New York 8.4 Millionen, Los Angeles 3.8 Millionen, Chicago 2.9 Millionen, Houston 2.2 Millionen. Phoenix 1.6 Millionen. Chicago ist eine der wenigen US-Millionenstädte, die nach einem Indianerwort benannt wurde. Auch wurde in Chicago (1885) das erste moderne Hochhaus der Welt erbaut. Wegen seiner bedeutenden

Kunstmuseen ist Chicago auch bereits ‚Florence of America' genannt worden.

Der amerikanische Schriftsteller Carl Sandburg schrieb 1916 die folgenden Gedichtzeilen über Chicago:

"Hog Butcher for the World,
Tool Maker, Stacker of Wheat,
Player with Railroads and the Nation's Freight Handler;
City of the Big Shoulders..."

Die Rolle Chicagos als ‚Schweineschlachter der Welt' (bis in die 1920er Jahre wurde in Chicago mehr Fleisch verarbeitet als sonstwo auf der Welt, der riesige Schlachtbetrieb Union Stock Yards hatten die Fließbandfleischproduktion eingeführt und versorgte das ganze Land mit Fleisch) und ‚Weizenstapler', also die Lagerung, Verarbeitung und die Verfrachtung der landwirtschaftlichen Produktion eines weiten Hinterlandes, haben Städten mit einer ähnlichen Funktion wie Winnipeg und Rosario in Argentinien zu einem Chicago-Beinamen verholfen. Chicagos Rolle als Handelsstadt führte zum Beinamen von Hankou in China, heute Teil der Stadt Wuhan.

Wenige Jahre nach Sandburgs Gedicht begünstigte die 1919 eingeführte Prohibition (bis 1933 gültiges landesweiter Alkoholverkaufsverbot) und der Umzug Al Capones von New York nach Chicago die Wandlung Chicagos zur Verbrechenshauptstadt, eine Konnotation, für die Chicago noch heute steht. So wurde das palästinensische Nablus wegen seiner hohen Kriminalitätsrate bereits als *Chicago des Mittleren Ostens* bezeichnet. Auch Berlin wird mit Chicago verglichen, aber weniger wegen seiner Verbrechensrate, sondern wegen einer als eher rau geltenden Atmosphäre.

Die belgische Industriestadt Charleroi gilt wegen Korruption und Kriminalität als *Chicago an der Sambre*. Das flämische Mechelen gilt wiederum als *Charleroi an der Leie*.

1.11 Gibraltar

Stadt	Beiname
Deutschland	
Hameln	*Gibraltar des Nordens*
Europa	
Helgoland	*Gibraltar des Nordens*
Den Helder	*Gibraltar des Nordens*
Luxemburg	*Gibraltar des Nordens*
Suomenlinna	*Gibraltar des Nordens*
Monemvasia	*Gibraltar des Ostens*
Novi Sad	*Gibraltar an der Donau*
Srebrna Gora (PL)/ Silberberg	*Gibraltar des Ostens* *Schlesisches Gibraltar*
Amerika	
Quebec	*Gibraltar Nordamerikas*
Vicksburg	*Gibraltar of America*
Wilmington	*Gibraltar des Südens*
St. Kitts	*Gibraltar of the West Indies*
Bermuda	*Gibraltar des Westens*
Asien	
Singapur	*Gibraltar des Ostens*

Das unter britischer Hoheit stehende Gibraltar, durch einen hohen Felsen und das Meer vor Angreifern geschützt, gilt als Inbegriff einer uneinnehmbaren Festung. An Gibraltar erinnert die Topografie von Monemvasia, einer Insel vor der Südspitze des Peloponnes, die im Byzantinischen Reich eine wichtige Festung und wichtiger Stützpunkt war. Kein Wunder auch, dass das an mehreren Seiten von tiefen Schluchten umgebende Luxemburg, welches im 17. Jahrhundert unter dem französischen Baumeister Vauban zu einer der stärksten Festungen Europas ausgebaut wurde, als *Gibraltar des Nordens* gilt. Mit Gibraltar hat Luxemburg zudem vorteilhafte Steuersätze gemein. *Gibraltar des Nordens* wird auch die auf einer Insel vor Helsinki gelegene Festung Suomenlinna genannt. Von den Schweden erbaut als Finnland noch Teil Schwedens war, diente sie auch als Schutz vor dem erstarkenden Russischen Reich. Im Schwedisch-Russischen Krieg 1808-1809 nahmen die Russen Suomenlinna zwar nicht ein, die Schweden mussten die Festung und Finnland nach verlorenem Krieg aber trotzdem abtreten.

Den Helder, an der Spitze der Halbinsel Nord-Holland gelegen, hatte lange die Funktion, den Zugang zum Ijsselmeer und damit zu wichtigen Städten wie Amsterdam zu sichern. Entsprechend befestigt war die mit zahlreichen Kanonen bestückte Stadt, die deshalb auch *Gibraltar des Nordens* genannt wurde.

Nachdem die Österreicher das Gebiet um Novi Sad im 17. Jahrhundert erobert hatten, bauten sie dort Petrovaradin im Laufe der Zeit nach Plänen des französischen Festungsbauers Vauban zur größten Festung Europas aus. Im August 1716 gelang es Prinz Eugen von Savoyen in der *Schlacht von Peterwardein* ein Osmanisches Heer von 150 000 Mann vernichtend zu schlagen.

Außerhalb Europas gibt es vor allem in Amerika Orte, die sich wegen ihrer Festungsanlagen den Beinamen Gibraltar gegeben haben. Dazu zählt Quebec in Kanada, welches den St. Lorenz-Strom bewacht. Als Gibraltar Westindiens gilt die Festung Brimstone Hill auf der Insel St. Kitts. Diese wurde von den Engländern im Jahre 1690 errichtet und von den Franzosen 1782 erfolgreich belagert. 1999 wurde die Festung in die UNESCO-Liste des Weltkulturerbes aufgenommen. Singapur war einst eine strategisch günstig gelegene wichtige britische Militärbasis in Ostasien. Winston Churchill nannte sie ‚Gibraltar of the East'. Im flachen Singapur fehlt jedoch die Topografie des Mittelmeerfelsens.

1.12 St. Moritz

Stadt, Ort	Beiname
Oberhof	*St. Moritz des Ostens*
Oberwiesenthal	*Sächsisches St. Moritz*
Schierke	*St. Moritz des Nordens*
Winterberg	*St. Moritz des Nordens*
Crans-Montana	*St. Moritz des Wallis*
Bansko	*St. Moritz des Balkans*
Jasna	*Slowakisches Str. Moritz*
Spindlermühle	*St. Moritz des Riesengebirges*
Sinaia	*St. Moritz Rumäniens*
Zakopane	*St. Moritz Polens*
Ifrane	*St. Moritz Marokkos*
Aspen	*St. Moritz Nordamerikas*
Banff	*St. Moritz Kanadas*
Queenstown (NZ)	*St. Moritz des Südens*
Bariloche	*St. Moritz Argentiniens*
Las Lenas	*St. Moritz der Anden*

Die Oberengadiner Gemeinde St. Moritz, 1928 und 1948 Austragungsort der Olympischen Winterspiele, gilt als Inbegriff eines noblen Wintersportortes. In Deutschland gibt es heute keinen vergleichbar exklusiven Wintersportort. Vor dem Zweiten Weltkrieg, damals reiste man noch mit dem Zug an und die Nähe zu Berlin war ein Vorteil, galt jedoch das thüringische Oberhof mit Besuchern wie Marlene Dietrich und Willy Birgel als relativ mondän und als 'St. Moritz des Ostens'. Sogar Schierke im Harz, 1914 und 1934 Austragungsort Deutscher Skimeisterschaften, wurde einst mit St. Moritz verglichen. Heute führen auch das sächsische Oberwiesenthal und das sauerländische Winterberg aus Marketinggründen gelegentlich den St. Moritz-Beinamen, ohne jedoch eine entsprechende Exklusivität bieten zu können. Berechtigter ist der Vergleich bei Orten wie Crans Montana (Wallis), Aspen (USA) und Banff (Kanada).

1.13 Monte Carlo

Stadt	Beiname
Travemünde	Monte Carlo des Nordens
Bad Gastein	Monte Carlo der Alpen
Lugano	Monte Carlo der Schweiz
Opatija	Kroatisches Monte Carlo
Porto Montenegro	Monte Carlo of the Balkans
Sochi	Monte Carlo des Schwarzen Meers
Sopot	Monte Carlo des Nordens
Batumi	Monte Carlo of the Caucasus
Kavala	Griechisches Monte Carlo
Macao	Monte Carlo oft he East
Marbella	Monte Carlo of Spain
Cuba/Havanna	Monte Carlo der Karibik
Kapstadt	Monte Carlo Afrikas

Monte Carlo, ein Stadtteil von Monaco, steht für verschiedene Dinge. Einerseits einen Ort mit großer Spielbank, andererseits einen mondänen Küstenort und schließlich einen topographisch spektakulär gelegenen Ort, der an einer Bucht liegt und von Höhenzügen umgeben ist. Travemünde wurde *Monaco des Nordens* genannt, weil es hier bis 2012 eine Spielbank gab, die von Prominenten wie Curd Jürgens und Aristoteles Onassis besucht wurde. Montenegro hat Ambitionen, zu einer Art *Monaco des Balkans* zu werden, mit Luxusressorts, die zum Beispiel reiche Russen ansprechen sollen. Porto Montenegro in der Kotorbucht soll dabei zu einem Monte Carlo des Balkans ausgebaut werden. Interessant ist, dass das österreichische Bad Gastein, ein ehemals belebter, aber jetzt in einen Dornröschenschlaf gefallener Kurort im Salzburgischen, mit Monte Carlo verglichen wird. Die mondäne Vergangenheit und die spektakuläre Topografie des Ortes tragen dazu bei.

1.14 Davos

Stadt	Beiname
Im Sinne von Kurort	
Bayerisch Eisenstein	*Davos des Böhmerwaldes*
Sülzhayn	*Davos des Nordens*
Göbersdorf	*Schlesisches Davos*
Schömberg	*Davos des Schwarzwaldes*
Nordrach	*Badisches Davos*
Reit im Winkl	*Bayerisches Davos*
Aflenz	*Steirisches Davos*
Stary Smokovec	*Slowakisches Davos*
Mühlbach (Sebes)	*Siebenbürgisches Davos*
Im Sinne von Veranstaltungsort für Wirtschaftsforen	
Krynica	*Davos Polens*
St. Petersburg	*Davos des Ostens*

Davos steht seit Thomas Manns *Zauberberg* (1924) für einen Luftkurort in den Bergen. Orte, die mit Davos verglichen werden, gibt es in Bayern, im Schwarzwald, im Harz (Sülzhayn), einst in Schlesien (Göbersdorf) und heute noch in der Slowakei und in Siebenbürgen.

Eine zweite Konnotation hat der Ort Klaus Schwab, in Ravensburg (Oberschwaben) geboren, zu verdanken. Er gründete das *Weltwirtschaftsforum*, das, bzw. dessen Vorgängerforum, sich seit 1971 in Davos trifft. Davos steht deswegen heute auch für einen Wirtschaftsforum-Veranstaltungsort. Deshalb wird etwa das südpolnische Krynica-Zdroj als *polnisches Davos* bezeichnet, seit 1990 findet hier ein (osteuropäisches) Wirtschaftsforum statt. Seit 1997 gibt es das St. Petersburg International Economic Forum (SPIEF), was die Stadt zum *Davos des Ostens* macht. Im österreichischen Velden wurde 2008 versucht, ein weiteres Wirtschaftsforum, *ein Davos des Südens,* zu etablieren, was jedoch nicht von Erfolg gekrönt war.

1.15 Wien (Klein-Wien)

Land	'Klein-Wien'
Deutschland	*Günzburg*
Bulgarien	*Russe*
Tschechische Republik	*Sumperk, Troppau*
Rumänien	*Arad, Temeschwar*
Polen	*Bielsko Biala*
Kroatien	*Zagreb*
Slowenien	*Görz (Goricia)*
Ukraine	*Cernowitz, Lemberg (Lviv)*
Italien	*Triest*

Wien hatte zu Zeiten Österreich-Ungarns eine große Ausstrahlung nach Osteuropa und eine städtebauliche Vorbildfunktion. Um 1900 war Wien mit 2 Millionen Einwohnern die größte Stadt östlich von Paris. Die Architektur vieler kleinerer Großstädte des Habsburger Reiches und später Österreich-Ungarns war von Wiener Bauten inspiriert. Da es vermessen gewesen wäre, diese Städte mit Wien gleichzusetzen, hat sich der Beiname *Klein-Wien* eingebürgert. Unter anderem Lemberg und Czernowitz in der heutigen Ukraine, Sumperk und Troppau in der heutigen Tschechischen Republik und Arad und Temschwar im heute rumänischen Banat hatten den Spitznamen *Klein-Wien*. In Bulgarien wurde die Donaustadt Russe so genannt, in Polen Bielsko Biala und auch die kroatische Hauptstadt Zagreb hatte diesen Spitznamen. Triest in Italien gehörte zeitweise auch zu Österreich. Es wurde auch *Klein-Wien am Meer* genannt. Die Südbahn, die es mit Wien verband, hieß auch, *Rückgrat der Sehnsucht*. Sogar ein deutsches Klein-Wien gab es. Das bayerische Günzburg an der Donau wurde durch den wienerisch anmutenden Charme seiner Häuser und Plätze früher so genannt.

1.16 Florenz

Stadt	Beiname
Deutschland	
Dresden	*Elbflorenz*
Schwerin	*Florenz des Nordens*
Europa	
Krakau	*Florenz des Nordens*
Verona	*Florenz des Nordens*
Lemberg (Ukraine)	*Florenz des Ostens*
Jaroslawl	*Florenz des Ostens*
	Florenz des Nordens
Zakynthos	*Florenz des Ostens*
Welt	
Chiwa (Usbekistan)	*Florenz des Ostens*

Florenz steht für eine schöne und bedeutende Stadt der Künste, die aber nicht unbedingt Hauptstadt des Landes sein muss. Mit den Uffizien besitzt Florenz eine der wichtigsten Gemäldesammlungen der Welt. Aufgrund seiner kulturellen Bedeutung wird Florenz manchmal auch als das *Athen Italiens* bezeichnet.

In Deutschland wird Dresden mit Florenz verglichen; seit Anfang des 19. Jahrhunderts hat die Stadt den Beinamen Elbflorenz. Die Etablierung des Vergleichs mit Florenz wird vor allem dem Dichter und Philosophen Johann Gottfried Herder (1744-1803) zugeschrieben, der 1802 meinte:

„*Vor allem sind es die Kunst und Altertumssammlungen... Durch sie ist Dresden in Ansehung der Kunstschätze ein Deutsches Florenz geworden*".

Zum Begriff Elbflorenz gibt es eine ganze Wikipedia-Seite. Denn in der sächsischen Landeshauptstadt werden zahlreiche Gemeinsamkeiten mit der Toskana-Stadt oder zumindest italienische Einflüsse gesehen. Etliche das

Stadtbild Dresdens prägende barocke Bauwerke entstanden unter italienischem und florentinischem Einfluss. Der Dresdner Barock-Bildhauer Balthasar Permoser war vor seiner Dresdner Zeit in Florenz tätig gewesen. Der Erbauer der Hofkirche, Gaetano Chiaveri kam aus Italien (nicht jedoch aus Florenz) und das berühmteste Gemälde in der Dresdner Galerie, die Sixtinische Madonna von Raffaelo Santi, wurde von einem Maler geschaffen, der unter anderem in Florenz tätig war. Auch ist Dresden eine der wenigen Städte nördlich der Alpen, deren Silhouette wie in Florenz von der Kuppel einer Kirche geprägt ist. Was in Florenz die Kuppel des Domes ist, ist in Dresden die Frauenkirche. Beide Städte weisen auch topographische Gemeinsamkeiten auf: die Lage an einem Flussbogen in einem Talkessel, der von sanften Hügelzügen umgeben ist. Beide Städte litten aber auch immer wieder an Hochwasser, Florenz wurde 1966 von einer Hochwasserkatastrophe heimgesucht, Dresden im Jahr 2002. Seit 1978 verbindet Dresden und Florenz übrigens eine Städtepartnerschaft.
In Italien hat übrigens Verona verschiedene Gemeinsamkeiten mit Florenz und gilt deshalb als *Florenz des Nordens*. Ein weiteres *Florenz des Nordens* ist das polnische Krakau, eine mittelalterliche Stadt der Kunst und Kultur. Früher sah sich auch das galizische Lemberg (heute Ukraine) als *Florenz des Ostens*. Manchmal wird auch das russische Jaroslawl, wie Lemberg UNESCO-Welterbestadt, sowie das usbekische Chiwa als *Florenz des Ostens* bezeichnet. Als weiteres Florenz des Ostens gilt das auf der gleichnamigen griechischen Insel gelegene Zakynthos. Zakynthos stand lange unter venezianischem Einfluss und war zeitweise ein Zentrum der Musik und Literatur im Westen Griechenlands.

1.17 Bethlehem

Stadt	Beiname
Deutschland	
Reuth	*Fränkisches Bethlehem*
Orlamünde	*Thüringisches Bethlehem*
Stadlern	*Oberpfälzisches Bethlehem*
Wildenroth	*Bayerisches Bethlehem*
Europa	
Nin	*Kroatisches Bethlehem*
Rajecka Lesna	*Slowakisches Bethlehem*
Nove Mesto nad Metuji	*Böhmisches Bethlehem*
Stramberk	*Mährisches Bethlehem*

Eher kleinere Orte tragen aus verschiedenen Gründen den Beinamen *Bethlehem*. Ältere Gemälde zu Bethlehem zeigen einen kleinen, auf einem Landrücken liegenden Ort, dessen Silhouette von drei kleineren Kirchtürmen geprägt ist. Das mag dazu inspiriert haben, ähnlich gelegene kleinere Orte wie Orlamünde in Thüringen, Stadlern in der Oberpfalz und in der Tschechischen Republik Neustadt/Mettau (Nove Mesto nad Metuji) und Stramberk als Bethlehem zu bezeichnen. Der Grafrather Ortsteil Wildenroth trägt wegen seiner topographischen Lage den Beinamen *bayerisches Bethlehem*.

Im Falle des slowakischen Dorfes Rajecka Lesna, seit dem 15. Jahrhundert ein Pilgerort, ist es die vom slowakischen Holzschnitzer Jozef Pekara ab 1980 geschaffene größte Krippe Europas, die dem Ort (und der Krippe) zum Beinamen ‚*slowakisches Bethlehem*' verholfen hat.

Weil der Ort einst Bischofssitz war, kam die kleine bei Zadar gelegene Küstenstadt Nin zum Beinamen *kroatisches Bethlehem*. Die aus dem 9. Jahrhundert stammende Kirche des heiligen Kreuzes in Nin hat übrigens den Beinamen ‚kleinste Kathedrale der Welt'.

1.18 Das neue Prag

Land	Das ‚neue Prag'
Polen	Krakau
	Wroclaw (Breslau)
Slowenien	Ljubljana (Laibach)
Lettland	Riga
Estland	Tallinn (Reval)
Litauen	Vilnius
Ungarn	Budapest
Ukraine	Lemberg (Lviv)

Nach der Wende des Jahres 1989 zog Prag eine große Zahl junger Amerikaner an, *yapies* genannt (Young Americans in Prague). Nach manchen Schätzungen waren es zeitweise mehrere 10 000 junge *Expatriates*, die hier in der Kulisse einer mittelalterlich geprägten europäischen Großstadt ein Bohème-Leben zu führen gedachten. In der Nachwendezeit waren die Lebenshaltungskosten niedrig und mit ein bisschen Unternehmergeist konnte man Marktlücken besetzen oder sich als Englischlehrer durchschlagen. Seither haben sich die Zeiten jedoch geändert. Prag ist zu einer teuren und von Touristen überlaufenen Stadt geworden, die sich in den westeuropäischen Mainstream eingeordnet hat. Kein Wunder, dass junge Amerikaner und andere Expatriates seit ein paar Jahren versuchen, ein ‚neues Prag' zu entdecken. Als solches wurden bereits die drei baltischen Hauptstädte Tallinn, Riga und Vilnius ausgemacht, vor allem aber auch die mittelalterliche Studentenstadt Krakau, seltener Budapest und Ljubljana. Auch Lemberg (Lviv) in der Ukraine könnte langfristig für diesen Titel in Frage kommen. Manche Expatriates meinen, Krakau sei das *‚neue Prag'* und Lemberg sei das *‚neue Krakau'*. Das kreative Bukarest, zu wenig lieblich für den Titel neues Prag, könnte dagegen eher als *neues Berlin* gelten.

1.19 Meran

Stadt	Beiname
Bad Feilnbach	*Bayerisches Meran*
Burghausen	*Bayerisches Meran*
Gleißenberg	*Bayerisches Meran*
Ringelai	*Bayerisches Meran*
Bad Reichenhall	*Bayerisches Meran*
Bad Dürkheim	*Pfälzisches Meran*
Rohrdorf	*Schwäbisches Meran*

Als Inbegriff einer Stadt in den Alpen mit südlichem Flair und mildem Klima gilt Meran in Südtirol. Als Meran noch zu Österreich gehörte, war es eine der südlichsten Städte der deutschsprachigen Länder. Zu Italien gekommen, wurde es vom Süden des Nordens zum Norden des Südens und verlor deshalb an Attraktivität. Diese hat es allerdings in den letzten Jahren teilweise wiedergewonnen, denn Grenzen sind in ihrer Bedeutung geringer geworden und auch die Italiener entdecken die Sommerfrische in den Bergen. Sieben Orte in Bayern und einer in Rheinland-Pfalz vergleichen sich wegen ihrer Lage und ihres Klimas mit Meran.

Am stärksten etabliert ist die Bezeichnung *Bayerisches Meran* für Bad Feilnbach und für Burghausen. Für Bad Reichenhall wird sie eher selten verwendet. Gleißenberg im Oberpfälzer Wald verwendet die Bezeichnung Bayerisches Meran sogar auf seiner Homepage. Dies wird mit dem milden Klima durch einen nur nach Süden offenen Talkessel begründet. Eine ähnliche Lage hat die Gemeinde Ringelai im Bayerischen Wald inspiriert, sich ebenfalls als Bayerisches Meran (bzw. als *Meran des Bayerischen Waldes*) zu vermarkten. Bad Dürkheim in der Pfalz vergleicht sich nicht nur wegen seines Klimas mit Meran, sondern auch wegen der Traubenkuren.

1.20 Las Vegas

Stadt	Beiname
Atlantic City	*Vegas East*
Sheboygan	*Shevegas*
Blackpool	*Las Vegas of the North/ of Lancashire*
Valkenburg	*Las Valkenburg*
Azov-City	*Las Vegas of Russia*
Tallinn	*Las Vegas of the Baltics*
Antalya	*Las Vegas der Türkei*
Macao	*Las Vegas of the East*
Sun City	*Las Vegas of South Africa*

Las Vegas, 1905 in der Wüste von Nevada gegründet, ist der Inbegriff einer Spielerstadt. Die Kasinos der Stadt setzen pro Jahr 4.5 Milliarden $ um. Las Vegas hat sich zudem zu einer Unterhaltungsstadt für die ganze Familie entwickelt. Mit 40 Millionen Touristen wird eine Besucherzahl erreicht wie in New York oder London. Dafür stehen 150 000 Betten zur Verfügung, darunter im mit 7000 Betten größten Hotel der Welt.

Die Kleinstadt Sheboygan (Wisconsin) hat eigentlich wenig mit Las Vegas zu tun. Im Sommer 2004 wurde das Blue Harbour Resort eröffnet, eine Kombination Konferenzzentrum-Vergnügungspark. Um darauf aufmerksam zu machen vermarktet sich die Stadt jetzt als *Shevegas*.

Atlantic City in New Jersey an der Ostküste Amerikas war bereits Vergnügungsort, als es Las Vegas noch gar nicht gab. Doch nach dem Zweiten Weltkrieg ging es mit der Stadt bergab, als weiter entfernte Destinationen als Urlaubsort populärer wurden. So sprachen sich die Wähler des Bundesstaates im Jahr 1976 dafür aus, in der Stadt Kasinos zuzulassen. Hotels wurden in Kasinos umgewandelt und Atlantic City zu *Vegas East*. In den letzten Jahren expandierte die Glücksspielindustrie in Macao („*Monte Carlo des Ostens*") genannt, so vehement, dass die Stadt heute *Las Vegas of the East* genannt wird.

1.21 Dubai

Stadt	Beiname
Bremerhaven	*Dubai an der Nordsee*
Tjumen	*Russisches Dubai*
Khartum	*Afrikanisches Dubai*
Calabar (Nigeria)	*Dubai Afrikas*
Herat	*Dubai Afghanistans*
Sanya (Hainan, China)	*Oriental Dubai*
Panama	*Dubai of Latin America*

Nach dem Jahr 2000 wurde Dubai zum Inbegriff einer Boomstadt, welche mit spektakulärer Architektur auf sich aufmerksam macht. In einem Spiegel-Artikel vom Februar 2008 wurde ausgerechnet Bremerhaven als ‚Dubai an der Nordsee' tituliert. Dazu trägt das 140 Meter hohe Gebäude *Atlantic Hotel Sail City* bei, welches Hotelzimmer und Büros aufweist und dessen Architektur vom bekannten, an ein Segel erinnerndes Burj Al Arab-Hotel in Dubai inspiriert wurde. An der Wasserkante Bremerhavens gibt es zudem spektakuläre Museen, darunter ein Klimahaus, und ein Einkaufszentrum im mediterranen Stil mit einer Glaskuppel, welche in Mailand stehen könnte. So etwas würde natürlich auch zu Dubai passen.

Als russisches Dubai gilt die westsibirische Stadt Tjumen (590 000 Einwohner), die im Zentrum eines Ölfördergebietes liegt und zahlreiche Öl- und Gasfirmen beheimatet. Allerdings fehlen in dieser Boomstadt spektakuläre Gebäude, wie sie in Dubai stehen. Diese fehlen auch im afghanischen Herat, aber dort reicht bereits ein bescheidener Wirtschaftsboom zum Dubai-Attribut. Von der Ölförderung, die im Lande vor allem von den Chinesen betrieben wird, profitiert auch die sudanesische Hauptstadt Khartum. Dort ist im Jahr 2007 das Burj al Fateh-Hotel fertig gestellt worden, dessen Architektur ebenfalls an das Burj Al Arab in Dubai erinnert.

1.22 Brasilia

Stadt	Beiname
Astana	*Brasilia der Steppe*
Abuja	*Brasilia Nigerias*
Puerto Madryn	*Kl. Brasilia Patagoniens*
Rawson	*Patagonisches Brasilia*
Marl	*Klein-Brasilia*
St. Pölten, Regierungsviertel	*Klein-Brasilia*

Brasilia wurde am 21. April 1960 gegründet und gilt heute als Inbegriff einer auf dem Reißbrett geplanten Regierungsstadt. Bereits 1891 wurde der Beschluss gefasst, die Hauptstadt ins Landesinnere zu verlegen, Inspiration dafür war auch eine Vision einer neuen Zivilisation zwischen dem 15. und dem 20. Breitengrad Süd, die der italienische Priester Don Bosco 1883 hatte. Doch erst 1922 fand die Grundsteinlegung statt und erst unter Präsident Juscelino Kubitschek (1956-1961) wurde der Ausbau forciert. Stadtplaner war Lucio Costa, Architekt der Schlüsselbauten Oscar Niemeyer (*1907).
1976 fasste die nigerianische Regierung den Beschluss, die Hauptstadt von Lagos ins Landesinnere zu verlegen. Die im Zentrum des Landes gegründete Stadt Abuja ist seit 1991 Hauptstadt und gilt als *Brasilia Nigerias*.
Astana, seit 1997 Hauptstadt Kasachstans (vorher war es Almaty/Alma Ata) gilt als *Brasilia der Steppe*. Die von walisischen Einwanderern 1865 gegründete heutige Hauptstadt der südargentinischen Provinz Chubut wird, teilweise wegen ihrem geplanten, langweiligen Charakter, als *patagonisches Brasilia* bezeichnet. Im Jahre 1960 wurde nicht nur Brasilia sondern auch das damals sehr moderne doppeltürmige Rathaus von Marl gebaut, was diesem bzw. Marl den Beinamen *Klein-Brasilia* einbrachte. 1986 wurde St. Pölten Landeshauptstadt Niederösterreichs. An der Traun wurde ein neues Regierungsviertel gebaut, später auch *Klein-Brasilia* genannt.

1.23 Oxford

Stadt	Beiname
Lublin	*Jüdisches Oxford*
Sarospatak	*Ungarisches Oxford*
Tartu	*Oxford Nordeuropas*
Tomsk	*Sibirisches Oxford*
Pune	*Oxford of India*

Oxford steht mit seiner aus dem Mittelalter stammenden Universität für eine Stadt der Gelehrsamkeit.

Die ostungarische Stadt Sarospatak hatte die erste protestantische Hochschule in Europa, sie wurde bereits 1531 gegründet. Der bedeutende tschechische Pädagoge Jan Comenius war von 1650 bis 1654 als Professor an dieser Hochschule tätig. Diese Einrichtung verhalf Sarospatak zum Beinamen *Ungarisches Oxford* oder auch *Athen am Bodrog* (dem örtlichen Fluss). Sarospatak gilt auch als *Ungarisches Cambridge*. Cambridge wird übrigens seltener als Oxford als Beiname verwendet.

Das ostpolnische Lublin, wegen seines jüdischen Lebens auch *polnisches Jerusalem* genannt, galt wegen seiner berühmten Rabbinerhochschule Jeschiwah früher wiederum als *jüdisches Oxford*.

Die von Gustav II. Adolf von Schweden 1632 gegründete Universität Tartu, die älteste Hochschule des Baltikums, verhalf der Stadt zum Beinamen ‚*Oxford Nordeuropas*'.

In Tomsk wurde 1878 die erste Universität Sibiriens eröffnet, deshalb der Beiname *Sibirisches Oxford*. Die indische Stadt Pune hat zahlreiche Hochschulen. Allein die Universität Pune zählt 170 000 Studenten. Kein Wunder, dass Pune als *Oxford Indiens* bezeichnet wird.

☞ Auch Boston gilt mit Harvard (im Vorort Cambridge) und dem MIT als Inbegriff der Bildungsstadt. So wurde Singapur bereits als *Boston des Ostens* bezeichnet.

1.24 Berlin

Stadt/Ort	Beiname
Mödlareuth	*Little Berlin*
Bydgoszcz (Bromberg)	*Klein-Berlin*
Bukarest	*The new Berlin*
Belgrad	*(das neue Berlin)*
Leipzig	*Das bessere Berlin*
Tiflis	*Das neue Berlin*

41 Jahre lang lief die deutsch-deutsche Grenze mitten durch das kleine nördlich von Hof gelegene kleine Dorf Mödlareuth (heute 50 Einwohner). Mauer, Wachturm und Todesstreifen erinnerten an die geteilte Stadt Berlin. Die in der Region stationierten amerikanischen Soldaten nannten Mödlareuth daher `Little Berlin´. Im Freilichtmuseum Mödlareuth wurden Mauer-Originalstücke erhalten, weshalb der Spitzname noch Verwendung findet.
Bydgoszcz/Bromberg gehörte von 1772-1920 zu Preußen. Das Stadtbild war von neoklassischem Baustil geprägt, dessen Ausführung und Materialien an die Architektur des damaligen Berlins erinnerten. Die Bromberger sahen ihre Stadt deshalb als `*Klein-Berlin*´.
Berlin, von Bürgermeister Klaus Wowereit 2003 `*als arm, aber sexy*´ bezeichnet gilt immer noch nicht als klassische Stadtschönheit sondern als etwas roh, zumindest an manchen Ecken, dafür aber kreativ.
Kommunismus und Ceauşescu-Diktatur haben aus Bukarest, dem einsitigen Paris des Ostens eine unansehnliche Plattenbaustadt gemacht, die erst langsam ihren romanischen Charme zurückgewinnt. Optimisten erkennen die kreative Energie, die sich langsam entfaltet und sehen die Stadt als `The new Berlin´. Auch für Belgrad, dessen Nachtleben und Musikszene junge Besucher aus ganz Ex-Jugoslawien anzieht, wird ein Potential als `New Berlin´ gesehen, was als Beiname jedoch noch nicht etabliert ist.

1.25 Heidelberg

Stadt	Beiname
Jena	*Heidelberg des Ostens*
Tartu	*Heidelberg des Nordens*
Uppsala	*Heidelberg des Nordens*
Dumaguete	*Heidelberg des Ostens*

Ähnlich wie Oxford steht im deutschsprachigen Raum Heidelberg, dessen Universität im Jahre 1385 gegründet wurde, für eine altehrwürdige Universitätsstadt. Die Universität Heidelberg war einst eine der renommiertesten Hochschulen in Europa. Als *Heidelberg des Nordens* wurden einst Uppsala (1477 gegründet) und Tartu in Estland (1632) bezeichnet.

Manchem gilt wiederum das thüringische Jena als eine Art *Heidelberg des Ostens*. Die philippinische Universitätsstadt Dumaguete gilt ebenfalls als *Heidelberg des Ostens*. Sie hat eine öffentliche und 3 Privatuniversitäten, darunter die von Amerikanern gegründete älteste protestantische Hochschule des Landes (Siliman Uni).

Seltener wird Tübingen als Inbegriff für eine (noch kleinere) Universitätsstadt verwendet. Aus süddeutscher Sicht gilt Marburg als *Tübingen des Nordens*. Als im Zweiten Weltkrieg Kiel und seine Universität völlig zerstört wurden, gab es Überlegungen, die Universität ins vom Krieg verschonte Schleswig zu verlegen und dieses damit zu einem *Tübingen des Nordens* zu machen. Die Pläne scheiterten jedoch am Widerstand der Kieler.

Im Mittelalter hatte zudem Bologna, die älteste Universität Europas (1088 gegründet), einen besonderen Ruf. Die 1392 gegründete, bis 1816 bestehende und dann 1994 neu gegründete Universität Erfurt hatte zeitweise das bedeutendste rechtswissenschaftliche Institut Europas. Erfurt galt dadurch als ‚*Bologna des Nordens*'.

1.26 Weimar

Stadt	Beiname
Gotha	*Weimar der Naturwissenschaft*
Eutin	*Weimar des Nordens*
Emkendorf	*Weimar des Nordens*
Anyksciai	*Litauisches Weimar*

Weimar, Wirkungsstätte von Schiller und Goethe, galt einst als eine Stadt des Geisteslebens und war damit eine Art ‚*kleines Athen*'.

Unter dem aufgeklärten Herzog Ernst II. von Sachsen Gotha und Altenburg entwickelte sich um 1800 die thüringische Stadt Gotha zu einem ‚*Weimar der Naturwissenschaften*', vor allem was die Erdwissenschaften betrifft. Hier konnten sich Hofbeamte ihren wissenschaftlichen Interessen widmen. Dazu zählten Karl Ernst Adolf von Hoff (1771-1837), ein Mitbegründer der modernen Geologie und Ernst Friedrich von Schlotheim (1764-1832), Begründer der wissenschaftlichen Paläobotanik.

Der Kartograph Adolf Stieler (1775-1836) wirkte in Weimar und Gotha. Er begründete den Stieler Handatlas, der vom Gothaer Verlag Perthes, später ein wichtiger kartographischer Verlag, publiziert wurde.

Um 1800 entwickelte sich Eutin (Schleswig-Holstein) unter dem Erbprinzen Peter Friedrich Wilhelm zu einem *Weimar des Nordens*. Schriftsteller wie Voß, Stolberg und Gerstenberg lebten hier und bildeten den Eutiner Kreis. Matthias Claudius, Friedrich Gottlieb Klopstock und Wilhelm von Humboldt reisten nach Eutin, um sich mit dem Eutiner Kreis auszutauschen. Noch weiter im Norden, auf dem Gut Emkendorf, gab es einen Debattierkreis, der dem Ort ebenfalls den Titel *'Weimar des Nordens'* eintrug.

1.27 Nürnberg

Stadt	Beiname
Hildesheim	*Nürnberg des Nordens*
Braunschweig	*Nürnberg des Nordens*
Bautzen	*Nürnberg des Ostens*
Krakau	*Nürnberg des Ostens*

Nürnberg stand einst für eine große mittelalterlich geprägte (Fachwerk-)Altstadt. Eine solche hatte auch Hildesheim, deshalb vor hundert Jahren der Beiname ‚*Nürnberg des Nordens*'. Die Altstädte von beiden Orten wurden im Krieg völlig zerstört. In Nürnberg orientierte man sich beim Wiederaufbau jedoch an den alten Stadtgrundrissen und setzte statt Beton oft Sandstein ein. So ergab sich nach dem Wiederaufbau wieder eine historische Anmutung. In Hildesheim kam dagegen beim Wiederaufbau weitgehend Nachkriegsarchitektur zum Einsatz. Der Verlust des alten Stadtbildes war jedoch nicht vergessen, so dass nach 1980 zumindest der Marktplatz mit dem einzigartigen Knochenhaueramtshaus rekonstruiert wurde. Mit den Vereinen ‚Altstadtfreunde Nürnberg' und ‚Altstadtgilde Hildesheim' haben beide Städte Organisationen, die sich für die Pflege und Wiedererrichtung des historischen Stadtbildes einsetzen.
Partnerstadt von Nürnberg ist übrigens das mittelalterliche polnische Krakau, welches auch, jedoch eher selten, als *Nürnberg des Ostens* bezeichnet wird. Im Jahr 1940, während der deutschen Besetzung, wollte ein Redner mit diesem Ausdruck einen Bezug zwischen der (Zwangs-)Umbenennung des Marktplatzes der Stadt in Adolf-Hitler-Platz und Nürnberg als *Stadt der Reichsparteitage* herstellen. NS-Veranstaltungen (Brückebergfest) verhalfen Hameln in den 1930ern ebenfalls zum Nürnberg (des Nordens)-Vergleich im braunen Sinne.

1.28 Neapel

Stadt	Beiname
Genua	*Neapel des Nordens*
Brighton	*Neapel des Nordens*
Douglas (Insel Man)	*Neapel des Nordens*
Kagoshima (Japan)	*Neapel des Ostens*

Neapel war bis ins 19. Jahrhundert Hauptstadt eines Königreiches, ein positiv besetzter Begriff, und stand für eine Stadt mit außergewöhnlich schöner Lage am Meer, denn Neapel vereint eine elegant geschwungene Meeresbucht mit einem Ausblick auf einen beeindruckenden Vulkan.

In der 2. Hälfte des 20. Jahrhunderts wurde der Stadtname zunehmend negativ gesehen und in Verbindung mit der Mafia, überfüllten Stadtquartieren, Armut und Chaos gebracht. Im Jahr 2008 kam eine weitere negative Assoziation dazu: Neapel als eine Stadt, die ihre Müllprobleme nicht in den Griff bekommt. Als *Neapel des Nordens* wurden so im Jahr 2008 auch Städte mit Müllproblemen bezeichnet.

Im Jahre 1844 reiste der deutsche Schriftsteller Theodor Fontane (1819-1898) auf Einladung seines Schulfreundes Hermann Scherz für 14 Tage nach England. Zwei weitere Reisen auf die Insel führten zu Fontanes Reisebericht ‚*Wanderungen durch England und Schottland*'. Fontane kam dabei auch nach Bristol. Wegen seiner schönen Lage an einer Meeresbucht nannte Fontane es ein ‚Neapel des Nordens', was damals als Lob galt. Und Großbritannien hat sogar ein zweites ‚*Neapel des Nordens*'. So wurde wegen ihrer Lage früher auch Douglas, die Hauptstadt der Insel Man genannt. Eher mit den negativen Eigenschaften von Neapel, aber auch mit spektakulärer Lage wird die norditalienische Hafenstadt Genua assoziiert, Genua gilt als ein *Neapel des Nordens* Italiens.

1.29 Hongkong

Stadt	Beiname
Dalian	*Hong Kong of the North*
Panama	*Hong Kong of Latin America*
Dubai	*Hong Kong on Ecstasy*

Hongkong (der Stadtname bedeutet 'duftender Hafen') hat seine Entwicklung den Briten zu verdanken, die hier nach dem ersten Opiumkrieg 1843 eine britische Kronkolonie einrichteten. Damals war Hongkong nur eine kleine Stadt auf einer Insel gegenüber dem heute ‚New Territories' genannten Gebiet. Doch bis in die 1930er Jahre wuchs die Einwohnerzahl auf fast eine Million. Trotzdem stand Hongkong im Schatten von Shanghai und Peking. Das sollte sich nach der Machtübernahme der Kommunisten im Jahre 1949 ändern. Hongkong wurde zu einer kapitalistischen Insel in einem politisch roten Meer, das von tatkräftigen Festlandszuwanderen profitierte, und das von den Briten garantierte liberale Wirtschaftssystem und der Gewerbefleiss der Chinesen ermöglichte einen Wirtschaftsboom.

Bis in die 1980er Jahre war Hongkong Inbegriff einer boomenden kapitalistischen Wolkenkratzerstadt. Die auf einer Halbinsel gelegene chinesische Stadt Dalian, die wegen ihrer Lage und Geschichte viele japanische und koreanische Investoren anzieht, gilt in China auch als *Hongkong des Nordens*.

Das Steuerparadies Panama (City) mit seinen vielen Wolkenkratzern gilt wiederum als *(future) Hong Kong of Latin America*. Das Scheichtum Dubai, heute selbst Inbegriff einer Boomstadt, übertrifft mittlerweile das chinesische Vorbild und wurde deshalb bereits als *Hong Kong on Ecstasy* bezeichnet. Hongkong hat sich in den letzten Jahrzehnten von der Leichtindustriestadt zu einer Dienstleistungsstadt gewandelt.

1.30 Bagdad

Stadt	Beiname
New York	*Baghdad by the Subway*
San Francisco	*Baghdad by the Bay*
Södertalje	*Little Baghdad*

Der Schriftsteller William Sydney Porter (1862-1910) schrieb unter dem Pseudonym O. Henry und schuf um 1910 den Spitznamen *Bagdad-on-the-subway* für New York. Andere Schriftsteller formten dies in *Bagdad on the Hudson* um. Damals war Bagdad (später wurde es im englischsprachigen Raum Baghdad geschrieben) eher ein positiv besetzter Begriff, der eine magische Stadt der Kultur beschrieb. Herb Caen (1916-1997), Kolumnist der Zeitschrift San Francisco Chronicle, wandelte den Beinamen auf San Francisco in *Baghdad-by-the-Bay* um. Seine Essays zur Stadt wurden 1949 ebenfalls unter diesem Titel veröffentlicht. Der letzte Irakkrieg und die heutige Sicherheitslage haben die Konnotationen von ‚Bagdad' in den letzten Jahren deutlich verändert. Heute wird in New York *Baghdad-on-the–subway* eher als Szenario eines schlimmen U-Bahnunfalls (oder eines Terroranschlags) mit vielen Toten gesehen. Durch den Irakkrieg kam es auch zu einer großen Zahl von irakischen Flüchtlingen. Christliche Iraker, die durch die schwierige Sicherheitslage besonders bedroht sind, hatten es dabei leichter, in Europa Asyl zu bekommen. Etliche von ihnen endeten im traditionellen Asylland Schweden. Im Stockholmer Vorort Södertalje lebten bereits seit den 1960er Jahren viele assyrische Christen. Södertalje wurde so zu einem Auffangbecken christlicher Flüchtlinge aus dem Irak und kam nach 2003 zum Beinamen *Little Baghdad*. Heute sind 35% der 60 000 Einwohner Iraker (meist Assyrer).

1.31 London

Stadt	Beiname
Brighton	*London by the Sea*
Bordeaux	*London Frankreichs*
Porto	*London Portugals*

Obwohl bedeutende Weltstadt, findet sich London, anders als Paris oder Rom, kaum als Bestandteil eines Beinamens. Eine Ausnahme ist das südenglische Seebad Brighton, das wegen seines belebten Charakters und der vielen Londoner, die am Wochenende hierherkommen, auch ‚*London by the Sea*' genannt wird.

Bordeaux, der *Nachttopf Frankreichs*, gilt als Regenstadt und hat deshalb den Beinamen ‚London Frankreichs'. Dabei ist London selbst mit etwa 500 mm pro Jahr gar nicht besonders niederschlagsreich (in Rom und Barcelona regnet es überraschenderweise in mm gemessen mehr). Das portugiesische Porto wird wegen seines Wetters auch London Portugals genannt.

Das sehr regenreiche Bergen (Norwegen) gilt wiederum als *Seattle Europas*.

☞ Neben London sind Marseille (Odessa als *Marseille des Ostens*) und Padua (Zamosc in Polen als *Padua des Ostens*) Städte, gelegentlich, aber nicht oft, Komponenten von Beinamen sind.

Die norditalienische Stadt Verona steht für Opern-Freiluftaufführungen (in einem Amphitheater). Wegen Aufführungen in einem römischen Amphitheater wurde Trier bereits für eine Saison zum ‚Verona des Nordens' erklärt, ebenso Schwerin wegen einer Opernaufführung im Hofgarten.

Als im Hafen von Bremen die Oper „Der ‚Fliegende Holländer' aufgeführt wurde, sah sich die Stadt wiederum als Klein-Bregenz (denn in Bregenz gibt es eine Freiluft-Opernbühne am Wasser).

1.32 New York

Stadt	Beiname
Atlanta	*New York of the South*
Toronto	*Muddy York*
San Gimignano	*New York des Mittelalters*

Trotz langer Zeit einzigartiger Hochhauskulisse wird New York nur wenig als Inbegriff für eine Wolkenkratzerstadt eingesetzt. Vielleicht liegt es daran, dass New York lange Zeit zu einzigartig war und andere Städte kaum mit ‚Big Apple' verglichen werden konnten. Allerdings wird der Wolkenkratzer-Stadtteil Manhattan gelegentlich als Synonym für eine Hochhausansammlung verwendet. (z.B. Frankfurt am Main = Mainhattan)

Mit dem Wirtschafts- und Bauboom in Ostasien und anderen Gegenden wird die Einzigartigkeit der New Yorker Hochhauskulisse zudem immer mehr relativiert. Heute ist New York nicht mal mehr die Stadt mit den meisten Hochhäusern der Welt. Hong Kong hat mit über 7000 Hochhäusern mittlerweile New York, das etwa 6000 Hochhäuser hat überholt, São Paulo wird dies bald ebenfalls schaffen.

Peter Ustinov (1921-2004) bezeichnete Toronto im Jahr 1987 als *‚New York governed by the Swiss'*, ein von den Schweizern geführtes New York also. Denn Toronto hat einerseits eine imponierende Wolkenkratzerkulisse, funktioniert aber besser als das zumindest in den 1980ern noch chaotischere New York. Ein anderer Beiname von Toronto ist wegen seiner sumpfigen Lage am Ontariosee ‚Muddy York' (sumpfiges (New) York).

Die boomende Südstaatenmetropole Atlanta, Schauplatz des Romans ‚*Vom Winde verweht*' und Medienmetropole (CNN) gilt in den USA auch als *New York of the South*.

1.33 Hamburg

Stadt	Beiname
Heilbronn	Hamburg des Neckars
Magdeburg	Klein-Hamburg
Hoboken	Klein-Hamburg

Stadt Hamburg an der Elbe Auen,
wie bist du stattlich anzuschauen
mit deiner Türme Hochgestalt
und deiner Schiffe Mastenwald.

Aus der Hamburg-Hymne

Heilbronn profitierte lange vom sogenannten Neckarprivileg aus dem Jahre 1333. Die Stadt verlegte den Neckarhauptarm ans Stadtzentrum und sperrte den Neckar flussaufwärts mit Wehren für Schiffe, so dass alle Güter in Heilbronn umgeladen werden mussten und die Stadt entsprechenden wirtschaftlichen Nutzen daraus zog. Noch Heute ist der Hafen von Heilbronn mit einem Umschlag von 4 Millionen Tonnen pro Jahr einer der 10 wichtigsten deutschen Binnenhäfen. Heilbronn hieß deshalb früher auch Hamburg am Neckar. Mit der Bundesgartenschau 2019 sind wie in Hamburg an der Elbe spektakuläre Wohnbauten auf der Neckarinsel entstanden.

Magdeburg liegt wie Hamburg an der Elbe. Einst war der Flusshafen wichtig und Magdeburg wurde manchmal auch Klein-Hamburg genannt. Im gegenüber New York City gelegenen Hoboken in New Jersey wurden früher viele deutsche Schiffe be- und entladen. Viele deutsche Seeleute, oft aus Hamburg, waren dort untergebracht, so dass der Ort Little Hamburg oder auch Little Bremen genannt wurde.

1.34 Bremen

Stadt	Beiname
Hann. Münden	*Klein-Bremen*
Hoboken	*Klein-Bremen*
Saarland	*Bremen des Südens*

Dies' Wappen ist das stolze Zeichen
Der alten treuen Hansastadt,
Die über's Meer zu allen Reichen
Ihr Rot und Weiß getragen hat.
Hell glänzte in dem Hansabunde
Der Brema Schlüssel alle Zeit.
Auch heut' strahl' er in uns'rer Runde
In alter Macht und Herrlichkeit!

Auszug aus der Landeshymne, Der Bremer Schlüssel

Anfang des 20. Jahrhunderts wurde Hannoversch Münden auch Klein-Bremen genannt. Erstens lag es wie Bremen an der Weser, bzw. an dem Punkt, wo sich Fulda und Werra zur Weser vereinigen. Zweitens hatte es wie Bremen noch eine mittelalterliche Altstadt.

Das Bundesland Bremen mit seinen Strukturproblemen ist heute hoch verschuldet (und fiskalisch kaum mehr handlungsfähig). Ebenfalls mit Strukturproblemen und geringen Steuereinnahmen konfrontiert ist das Saarland. Das Saarland wurde deshalb bereits als das *Bremen des Südens* bezeichnet. Viele Schiffe aus Bremen und Hamburg, die nach Amerika fuhren, löschten ihre Fracht in Hoboken gegenüber von Manhattan. Dort bildete sich eine kleine Gemeinde norddeutscher Seefahrer. Hoboken wurde damals Klein-Hamburg bzw. Klein-Bremen genannt.

1.35 Liverpool

Stadt	Beiname
Heilbronn	Schwäbisches Liverpool
Hagen	Deutsches Liverpool Liverpool der Neuen Deutschen Welle

Ferry cross the Mersey, 'cause this lands the place I love

Gerry& the Pacemakers

Heilbronn am Neckar hat eine lange Tradition als Industriestadt. Begünstigt wurde dies in Vor-Eisenbahnzeiten durch den relativ großen Neckarhafen. In Heilbronn gab es um 1850 die meisten Fabriken in Württemberg. Man sagte *schwäbisches Liverpool*, weil die englische Stadt damals Inbegriff einer Industriestadt war (Manchester stand wiederum speziell für eine Textilindustriestadt).

Durch die Beatles bekam Liverpool später den Ruf einer Musikstadt. Mit der Neuen Deutschen Welle wurde Ende der 1970er und Anfang der 80er Hagen, wo es schon früh Jugendzentren und unprätentiöse Musikertreffs gab, plötzlich zum Sprungbrett mehrerer Musiker und Gruppen. Darunter waren Nena (Gabriele Kerner, 1960*), Inga Humpe (*1956), Grobschnitt und Extrabreit (die eigentlich als Punkband startete). Nina Hagen stammt allerdings aus Berlin und nicht aus Hagen. Heute ist Hagen eine dahindümpelnde Industriestadt mit Strukturproblemen und schrumpfender Bevölkerung (etwa 190 000 Einwohner) und fast ohne Sehenswürdigkeiten. Wenn man sagt, Hagen wäre das deutsche Liverpool gewesen, wundern sich viele, bis man ihnen auf die Sprünge hilft. Die jüngere Generation kennt diesen Teil der Musikgeschichte jedoch nicht mehr.

1.36 Lübeck

Stadt	Beiname
Tallinn (Reval)	*Lübeck des Ostens*
Riga	*Lübeck des Ostens*

Der Dichter Emanuel Geibel (1815-1884) schrieb einst:

"Wie steigst, o Lübeck, du herauf in alter Pracht vor meinen Sinnen
An des beflaggten Stromes Lauf, mit stolzen Türmen, schart'gen Zinnen!
Gleich einer Fürstin standest du, der Markt war dein und dein die Wege,
Du führtest reich dem Süden zu, was nur gedieh in Nordens Pflege.

Lübeck gilt als Inbegriff einer gut erhaltenen, größeren von mittelalterlicher Architektur geprägten Hansestadt. Lübeck galt einst als ‚Königin der Hanse' und hatte eine wichtige Rolle bei der Stadtentwicklung im südlichen Ostseeraum, die oft von deutschen Kolonisten ausging. Städte wurden dort im Mittelalter nach lübischem Recht errichtet.
1987 wurde die Altstadt Lübecks als erste Nordeuropas von der UNESCO als Weltkulturerbe anerkannt.
Als *Lübeck des Ostens* wurden bereits die baltischen Städte Tallinn und Riga bezeichnet. Wie im Falle Lübecks (der *Stadt der sieben Tür*me) sind die Silhouetten beider Städte auch durch einst für die Orientierung in der Küstenschifffahrt wichtige markante Kirchengebäude mit hohen Kirchtürmen gekennzeichnet. Und wie Lübeck wurden beide Städte (im Jahre 1997) von der UNESCO in die Welterbeliste aufgenommen.
Von Reiseführern wurde das mecklenburgische Wismar bereits als 'kleines Lübeck' bezeichnet.

1.37 Rio de Janeiro

Stadt	Beiname
Belfast	*Hibernian Rio*
Las Palmas	*Rio Europas*

Rio de Janeiro (übersetzt der ‚Januarfluss') gilt als Inbegriff einer traumhaft in einer von Höhenzügen umsäumten Bucht gelegenen Stadt. Rio gilt mit seinem ausschweifenden Karneval und seinem von Minitextilien gekennzeichneten Strandleben (Copacabana, Ipanema) zudem als ausgesprochen lebenslustige Stadt. In Brasilien selbst hat Rio den Beinamen ‚wunderbare Stadt'.

Lage und Lebenslust verhalfen Las Palmas (400 000 Einwohner), der 1498 gegründeten Hauptstadt der Kanareninsel Gran Canaria, zum Beinamen *Rio Europas*. Las Palmas hat Sandstrände wie Rio und leicht an den Zuckerhut erinnernde Hügel und stürzt sich wie das Pendant auf der Südhalbkugel im Februar in einen wochenlangen Karnevalstaumel.

Beim Stichwort Nordirland denkt man nicht unbedingt an Lebenslust. So war es auch die Lage der Stadt an Fluss, Bucht und von Hügeln eingebettet, die einem Schriftsteller einst den Ausdruck *Hibernian Rio,* irisches Rio also (Hibernia, das Winterland, ist die lateinische Bezeichnung für Irland), entlockte.

Der Ribersborg-Strand bei Malmö wird übrigens auch *Copacabana Malmös* (bzw. *Skandinaviens*) genannt.

Außer Rio gibt es in Lateinamerika nur in Mexiko Städte, die für Beinamen verwendet werden. Die bei Detroit gelegene kanadische Stadt Windsor wird auch als *Tijuana North* bezeichnet, da sie wie Tijuana südlich der US-Grenze liegt.

☞ Wilhelmshaven wird von Lokalpatrioten, weil einzige Nordseestadt mit Südstrand, auch *Acapulco des Nordens* genannt

1.38 Palermo

Stadt	Beiname
Lüttich	*Palermo des Nordens*
Neuruppin	*Klein-Palermo*

Palermo gilt als Zentrum der Cosa Nostra, der sizilianischen Mafia. Zwischen 1981 und 1983 kam es hier zwischen rivalisierenden Gruppen zum zweiten Großen Mafiakrieg, welcher 1000 Menschen das Leben kostete. Allein im Jahre 1982 fielen in Palermo jeden Tag drei Italiener der Mafia zum Opfer. Im Jahre 1992 war Palermo wieder in der Presse, als das Auto des Ermittlungsrichters Giovanni Falcone in die Luft gesprengt wurde. Seither hat die Cosa Nostra in Palermo zwar weniger Schlagzeilen gemacht, doch Palermo wird gelegentlich immer noch als Inbegriff einer Stadt, die von mafiösen Strukturen gekennzeichnet ist, gebraucht.

Belgien wurde bereits als ‚*Italien ohne Sonne*' bezeichnet. Und das unter Korruption leidende Lüttich hatte bereits den Spitznamen *Palermo des Nordens*, auch wegen italienischer Einwanderer aus der Zeit des Kohle- und Stahlbooms. Die Lütticher sehen ihre Stadt aber lieber als ‚Athen des Nordens', als solche galt sie im Mittelalter.

In Deutschland hatte ab 2004 die brandenburgische Stadt Neuruppin wegen mafiaähnlicher Strukturen den Spitznamen Klein-Palermo erhalten. Söhne angesehener alteingesessener Eltern hatten einen schwunghaften Drogenhandel betrieben. Der Einfluss der Bande, die mit den Drogengeldern ganze Häuserzeilen in der Stadt sanierte, reichte in die Stadtverwaltung und in die Polizei.

Zudem soll der frühere Chef der Stadtwerke städtisches Geld unter anderem für eine VIP-Lounge im Berliner Olympiastadion ausgegeben haben und gegen den Ex-Bürgermeister wurde wegen Subventionsbetrug ermittelt.

1.39 Shanghai

Stadt	Beiname
Temeschwar	*Shanghai Rumäniens*
Neapel	*Italienisches Shanghai*

Shanghai ist heute die bedeutendste Industriestadt Chinas, der *Fabrik der Welt*. Noch bis in die 1980er Jahre hatte der Industrieraum Pearl River Delta (Perlflussdelta) wegen seiner Nähe zur kapitalistischen Wirtschaftsmetropole Hongkong die Nase vorn. Das Perlflussdelta profitierte von der Auslagerung von Industrieproduktion aus Hongkong und den Fühlungsvorteilen zur nahen kapitalistischen Metropole. Doch in den 1980er Jahren beschloss die chinesische Regierung, dem zentral gelegenen Shanghai eine wichtige Rolle in der wirtschaftlichen Modernisierung des Landes zuzuweisen und es als Wirtschaftszentrum zu entwickeln. 1990 wurde eine Sonderwirtschaftszone im Stadtteil Pudong eingerichtet, seither sind dort zahlreiche Wolkenkratzer, darunter einige der höchsten Asiens, errichtet worden. Ab den 1990er Jahren hatte der Raum Shanghai, das Yangtse River Delta (YRD), die höchsten Wachstumsraten des Landes. Nach 2000 sind jedoch weitere Entwicklungspole dazu gekommen.

Wenn eine boomende Industriestadt beschrieben werden soll, wird heute manchmal der Vergleich mit Shanghai bemüht. Beispielsweise im Falle des westrumänischen Temeschwar, das vor allem Ende der 90er Jahre westliche Investoren anzog (mittlerweile haben Städte wie Cluj Napoca und Brasov in Rumänien aufgeholt). Neapel wird andererseits nicht wegen seiner Wirtschaftsentwicklung mit Shanghai verglichen, sondern wegen seiner Schuh- und Textilkleinbetriebe, die oft keine Steuern zahlen und wie chinesische Großstadt-Sweatshops agieren.

2. Ehemalige Städtenamen

2.1 Römische Städtenamen

Deutschland	
Städte	
Aachen	*Aquae*
Andernach	*Antunnacum*
Augsburg	*Augusta Vindelicorum*
Baden-Baden	*Aquae; Civitas Aquensis*
Eining	*Abusina*
Epfach	*Abodiacum*
Kempten	*Campodunum*
Köln	*Colonia Claudia Agrippensis*
Koblenz	*Confluentes*
Ladenburg	*Lopodunum*
Nidda	*Nida*
Remagen	*Rigomagus*
Rosenheim	*Pons Aeni*
Rottenburg	*Sumelocenna*
Speyer	*Noviomagus*
Worms	*Borbetomagus*
Legionslager	
Bonn	*Bonna*
Mainz	*Moguntiacum*
Regensburg	*Castra Regina*
Neuss	*Novaesium*

Südlich und westlich der römischen Grenzbefestigung Limes, also südlich und westlich von Rhein, Main, Neckar und Donau, entstanden in der Römerzeit auf dem Gebiet der heutigen Bundesrepublik bereits mehr als ein Dutzend Städte und zusätzlich Legionslager, die sich später zu Städten entwickelten. Manche dieser Städte entstanden aus ehemals keltischen Siedlungen. Der lateinische Name dieser Städte hatte deshalb keltische Wurzeln. Dies gilt für Speyer (Noviomagus), Worms (Borbetomagus) und Remagen (Rigomagus). Magos war bei den Kelten das Wort für Feld, Ebene. Auch Ortsnamen, die mit –ach, -ich und –ig enden, leiten sich oft von keltischen Bezeichnungen ab, so Andernach (Lateinisch = Antunnacum). Auch Bonn und Mainz gehören vermutlich zu den Ortsnamen mit keltischem Ursprung. Im Falle von Bonn hat das römische Legionslager Bonna zur Etablierung des Namens beigetragen.

Das römische Legionslager Castra Regina (deutsch: Lager am Regen), aus welchem sich Regensburg entwickelte, war nach dem Nebenfluss der Donau benannt, an welchem es lag.

Pforzheim (zur Römerzeit Vicus Portz) leitet seinen Namen wahrscheinlich vom lateinischen Wort Portus, Hafen, ab, denn hier gab es zur Römerzeit einen kleinen Hafen an der Enz. Philipp Melanchton sah die Stadt als Tor zum Schwarzwald und brachte ihren Namen fälschlicherweise mit *Porta* in Zusammenhang. Wegen ihrer Heilquellen hießen sowohl Aachen als auch Baden-Baden, wie viele andere Städte, bei den Römern Aquae (Budapest = Aquincum). Baden-Baden erhielt später den Status einer Civitas, einer halbautonomen Verwaltungseinheit (Civitas aquensis). Mit dem Wasser zu tun hat auch der lateinische Namensursprung von Koblenz, denn Confluentes bedeutet Zusammenfluss - in Koblenz fließt die Mosel in den Rhein. Neben Trier war Köln die wichtigste Römerstadt in Deutschland, sie hatte den Status einer Colonia, einer Ansiedlung mit römischem Bürgerrecht, woraus sich später der heutige Name der Stadt ableitete.

☞ Es gibt im Ruhrgebiet den Witz, wonach Castrop-Rauxel der lateinische Name von Wanne-Eickel sei.

Österreich, Schweiz	
Augst	*Colonia Augusta Ruracorum*
Chur	*Curia*
Salzburg	*Iuvavum*
Vindobona	*Wien*
Europa	
Ankara	*Ancyra*
Bath	*Aquae Sulis*
Belgrad	*Singidunum*
Bordeaux	*Burdigalia*
Budapest	*Aquincum*
Istanbul	*Byzantium*
Laibach	*Emona*
Lissabon	*Olisipo*
London	*Londinium*
Lyon	*Lugdunum*
Mailand	*Mediolanum*
Marseille	*Massilia*
Paris	*Lutetia*
Saragossa (Zaragoza)	*Caesaraugusta*
Sofia	*Serdica*

Auch außerhalb Deutschlands gehen viele römische Stadtbezeichnungen auf keltische Namen zurück, darunter Iuvavum (Salzburg), Vindobona (Wien) und Lutetia (Paris). Manche leiten den lateinischen Namen von Paris allerdings vom lateinischen Wort lutum (der Sumpf) ab, denn Paris wurde auf einer Seineinsel gegründet. Der lateinische Name für das heutige Istanbul – Byzantium - geht auf das griechische Byzantion zurück (dieser Name soll sich vom legendären thrakischen Führer Byzas ableiten).

2.2 Ehemalige Bezeichnungen in Europa

Europa (ohne Türkei)		
Turku	*Abo (schwedische Form)*	
Budapest	*Ofen, Pest*	
Helsinki	*Helsingfors*	
Oslo	*Christiania*	
Plovdiv	*Philippopel*	
Skopje	*Üsküp*	
Tartu	*Dorpat*	*Im Deutschen noch*
Tallinn	*Reval*	*verwendet*
Zagreb	*Agram*	
Türkei		
Ankara	*Angora*	
Edirne	*Adrianopel*	
Istanbul	*Konstantinopel*	
Izmir	*Smyrna*	

Es gibt heute in der Geografie den Trend, statt der deutschen zunehmend die landessprachlichen Versionen von Städtenamen zu nutzen. Dies gilt vor allem für das Baltikum. Die estnische Hauptstadt Reval/Tallinn wurde im 13. Jahrhundert als dänisches Fort (taani linna) gegründet. Als der deutsche Ritterorden die Stadt 1346 erwarb, wurde sie von diesem in Reval umbenannt, wie sie dann offiziell bis 1918 hieß. Heute sagt man im deutschsprachigen Raum immer noch Reval, aber zunehmend auch Tallinn. Im Diercke-Atlas ist die estnische Hauptstadt als Reval (Tallinn) verzeichnet, im Fischer Weltalmanach als Tallinn (Reval). Ähnliches gilt für die litauische Hauptstadt Vilnius (zu Deutsch: Wilna).

In Norwegen brannte im Jahre 1624 die Hauptstadt Oslo bis auf die Grundmauern ab. Auf Befehl des dänischen Königs Christian IV. (Norwegen und Dänemark waren zu dieser Zeit vereint) wurde die Stadt näher bei der Festung

Akershus neu errichtet und erhielt den Namen Christiania. Diesen wandelte man im Jahr 1877, Norwegen war nun mit Schweden vereint, in Kristiania ab. Am 1. Januar 1925, 300 Jahre nach dem Brand und der Umbenennung der Stadt, erhielt sie wieder ihren ursprünglichen Namen Oslo, auch weil Norwegen jetzt ein unabhängiges Land war.

In Oslo gibt es heute übrigens ein trendiges Stadtviertel, *Grönland* genannt, das wegen seiner vielen Migranten auch den Spitznamen ‚*Little Karachi*' hat.

Als Finnland im Jahre 1917 von Russland unabhängig wurde, wurden schwedische Versionen von Städtenamen durch finnische ersetzt. Aus Abo wurde so Turku, aus Helsingfors Helsinki.

Die ungarische Hauptstadt Budapest bestand einst aus den Städten Buda (zu Deutsch Ofen), das im hügeligen Gebiet westlich der Donau lag, und dem flachen, östlich der Donau gelegenen Pest. 1872 wurden diese beiden Städte zu Budapest vereint.

Die kroatische Hauptstadt Zagreb hieß früher im Deutschen auch Agram. Die Bezeichnung Agram gilt mittlerweile als veraltet, selbst im Diercke-Atlas findet sich nur noch Zagreb. Andererseits fügt der *Fischer Weltalmanach* die Bezeichnung Agram in Klammern hinzu. Wie es zum Namen Agram kam, ist nicht ganz geklärt. In seinem Buch ‚*Von Aachen bis Zypern*' liefert Hugo Kastner folgende Erklärung: ‚den Namen der kroatischen Hauptstadt könnte man gut mit dem Ausdruck JENSEITS DES GRABENS (kroat. *Za* „jenseits" *greb* „Grabenrand") umschreiben. Daraus entstand durch Verballhornung der deutsche Name Agram (‚a Grabn').

2.3 Veränderte deutsche Stadtnamen

Heutiger Name	Ehemaliger Name
Baden-Baden	*Baden*
Friedrichshafen	*Buchhorn*
Leverkusen	*Wiesdorf*
Ludwigshafen (Baden)	*Sernatingen*
Mönchengladbach	*München Gladbach*
Monschau	*Montjoie*
Wuppertal	*Barmen, Elberfeld*

Die badische Kurstadt Baden-Baden hieß früher nur Baden. Doch weil es auch in der Schweiz und in Österreich ein Baden gab, musste man Baden in Baden sagen, manche sagten auch Baden-Baden. Schließlich wurde die Stadt dann 1931 offiziell in Baden-Baden umbenannt.
Verwechslungsmöglichkeiten gab es einst auch im Falle von Mönchengladbach. Früher hieß die Stadt Gladbach, doch Gladbachs gab es mehrere. Das Gladbach bei Köln wurde zur besseren Unterscheidung 1863 mit dem Zusatz Bergisch versehen während das linksrheinische Gladbach 1888 offiziell zu München-Gladbach wurde, meist M. Gladbach geschrieben. Doch nun bestand eine Verwechslungsgefahr mit der bayerischen Landeshauptstadt. Deshalb wurde der Name 1960 noch mal abgeändert - in Mönchengladbach.
Ein früher nicht bestehender Name ist auch Wuppertal. 1929 wurden die im Tal der Wupper gelegenen Großstädte Barmen und Elberfeld mit den Städten Ronsdorf, Cronenberg und Vohwinkel zu Barmen-Elberfeld vereint und nach einer Bürgerbefragung 1930 mit dem neu geschaffenen Namen Wuppertal versehen
Im Jahre 1861 verlegte der Apotheker Carl Leverkus (1804-1889) seine Ultramarin-Farbenfabrik vom verkehrsungünstig gelegenen Wermelskirchen nach Wies-

dorf an den Rhein. Die entstandene Werkssiedlung nannte er Leverkusen. 1891 verlegte auch die Bayer AG ihre Produktion in den Ort am Rhein. Als 1930 Steinbüchen, Rheindorf und Schlebusch eingemeindet wurden, nannte man die dadurch entstandene Stadt wie die Werkssiedlung Leverkusen.

Buchhorn war einst eine zentral am Bodensee gelegene mittelalterliche Freie Reichstadt, die durch den Salzhandel über den See zu Wohlstand gekommen war. Nach dem Napoleonischen Krieg war die Stadt allerdings wirtschaftlich verwüstet. 1810 kam die Stadt zu Württemberg und im Sommer 1811 besuchte sie der württembergische König Friedrich. Einen Tag später verkündete er den Zusammenschloss von Buchhorn mit dem Schloss Hofen zu ‚*Schloss und Stadt Friedrichshafen*'. Weiter westlich wurde ein bei Sernatingen neu errichteter Hafen 1826 nach dem badischen Großherzog Ludwig Ludwigshafen getauft, und auf Wunsch der Bewohner hieß bald die ganze Gemeinde Sernatingen so. Auch Ludwigshafen am Rhein wurde nach einem Monarchen benannt, und zwar nach dem bayerischen König Ludwig I., denn die Pfalz gehörte damals zu Bayern. Der Name galt erst einem privaten Handelshaus, aus dem sich später der Ort entwickelte, denn vorher bestand hier keine Stadt, so dass keine Umbenennung notwendig war.

Monschau in der Eifel hieß früher Montjoie. Doch weil der Name im Zuge eines wachsenden Nationalismus zu französisch klang, wurde er 1918 in Monschau abgeändert.

☞ Die Zusammenlegung der historisch gewachsenen hessischen Städte Gießen und Wetzlar zur Stadt *Lahn* im Jahr 1977 war in beiden Orten wiederum so unpopulär, dass sie nur bis 1979 Bestand hatte. Nur das L auf dem PKW-Nummernschild erinnerte noch eine zeitlang daran.

2.4 Städtenamen und Beinamen während der NS-Zeit

Deutschland	
Stuttgart	*Stadt der Auslandsdeutschen*
München	*Hauptstadt der Bewegung*
Nürnberg	*Stadt der Reichsparteitage*
Landsberg	*Stadt der Jugend*
Berlin	*Welthauptstadt Germania*
Frankfurt	*Stadt des Handwerks*
Salzgitter	*Stadt d. Herrmann-Göring-Werke*
Wolfsburg	*Stadt des KdF-Wagens*
Saarlouis	*Saarlautern*
Österreich	
Linz	*Führerstadt*
Wels	*Stadt der Bewegung*
Salzburg	*Stadt der Lebensforschung*
Innsbruck	*Stadt der Bergsteiger*
Graz	*Stadt des Volksaufstandes*
Polen	
Lodz	*Litzmannstadt*

Im Dritten Reich hatten verschiedene Städte mit dem NS-Regime verbundene Beinamen. München, wo Hitler seine politische Karriere begonnen hatte, galt als ‚Hauptstadt der Bewegung', Nürnberg wegen der dort stattfindenden NS-Veranstaltungen als ‚Stadt der Reichsparteitage'. Wolfsburg, das an verkehrsgünstiger Stelle als Produktionsstätte des KdF (Kraft durch Freude) (Volks) Wagens gegründet wurde, kam zu einem entsprechenden Beinamen. Saarlouis klang den Nazis zu französisch, sie nannten es deshalb in Saarlautern um. Lodz, welches die Polen Wudsch aussprechen, wurde unter der deutschen Besatzung zu Litzmannstadt. Nach dem Anschluss Österreichs sollte die Stadt Judenburg (Steiermark) umbenannt werden, doch bald kam der Krieg dazwischen.

2.5 Städtenamen in der DDR

Stadt	DDR-Name	Zeitraum
Eisenhüttenstadt	*Stalinstadt*	*1953-1961*
Guben	*Wilhelm-Pieck-Stadt*	*1961-1990*
Chemnitz	*Karl-Marx-Stadt*	*1953-1990*

Im Juli 1950 wurde auf dem III. Parteitag der SED der Beschluss gefasst, bei Fürstenberg an der Oder ein Eisenhüttenkombinat und eine sozialistische Wohnstadt zu errichten. Diese ‚erste sozialistische Stadt der DDR' sollte zum 70. Todestag von Karl Marx im März 1953 eigentlich nach diesem Ökonomen benannt werden. Doch am 5. März 1953 starb Josef Stalin. So wurde die Stadt ab Mai 1953 Stalinstadt genannt. Bald setzte jedoch eine Entstalinisierung ein. Im November 1961 wurden Fürstenberg und Stalinstadt zu Eisenhüttenstadt zusammengeschlossen, damit man den Namen des sowjetischen Diktators wieder loswerden konnte. Die Bevölkerung bezeichnete Eisenhüttenstadt jedoch bald als *Schrottgorod* beziehungsweise als *Blechbudenhausen*.

Statt Eisenhüttenstadt wurde im Mai 1953 schließlich Chemnitz, das ‚sächsische Manchester', in Karl-Marx-Stadt umbenannt. Im Juni 1990 folgte die Rückbenennung in Chemnitz. Wegen des westsächsischen Tonfalls ihrer Bewohner galt Chemnitz zu DDR-Zeiten als Stadt mit drei ‚O' (‚Korl-Morx-Stodt').

Die Stadt Guben wurde nach dem Zweiten Weltkrieg durch die Oder-Neiße Grenze in einen polnischen Teil östlich der Oder, welcher die historische Innenstadt enthielt, und in einen deutschen Teil westlich der Oder gespalten. Weil Wilhelm Pieck, der 1960 verstorbene erste und einzige Staatspräsident der DDR, aus Guben kam, erhielt die Stadt 1961 offiziell den Beinamen Wilhelm-Pieck-Stadt Guben. 1990 wurde dieser Beiname wieder gestrichen.

2.6 Städtenamen in Südosteuropa

Heutiger Name	Einstiger Name
Rijeka	*Sankt Veit am Fluß, Fiume*
Dubrovnik	*Ragusa*
Podgorica	*Titograd (1946-92)*
Drvar	*Titov Drvar (1981-91)*
Cluj-Napoca	*Cluj/Kolozsvar*
Drobeta Turnu Severin	*Turnu Severin*
Dunaujavros	*Sztalinvaros (1949-61)*
Tiszaujavros	*Leninvaros (1970-90)*

Die kroatische Hafenstadt Rijeka hieß, als sie noch zu Österreich-Ungarn gehörte, Fiume (Fluss), oder auf deutsch Sankt Veit am Fluss. Der heutige kroatische Name Rijeka bedeutet ebenfalls Fluss. Die kroatische Welterbestadt Dubrovnik war Deutschen und Italienern lange nur als Ragusa bekannt.

Im ehemaligen Jugoslawien wurden mehrere Städte nach Feldmarschall Tito (1892-1980) benannt. Die montenegrinische Hauptstadt Podgorica hieß zwischen 1946 und 1992 Titograd. Das bosnische Drvar wurde nach Titos Tod in Titov Drvar umbenannt, aber schon 10 Jahre später in Drvar rückbenannt. In Ungarn hielt sich der Name Sztalinvaros nur 12 Jahre, Leninvaros bestand dagegen 20 Jahre. In Rumänien zielten Umbenennungen und Namensergänzungen in den 1970er Jahren darauf ab, den Stadtnamen stärker auf die römische Epoche des Landes und damit indirekt auf die rumänische Geschichte zu beziehen. Cluj (zu Deutsch Klausenburg, ungarisch: Kolozsvar) hatte einen starken ungarischen Bevölkerungsanteil. Um zu unterstreichen, dass die Geschichte des Ortes schon vor den Ungarn (vor dem 10. Jahrhundert) begonnen hatte, wurde 1974 der aus der Römerzeit stammende Name Napoca hinter den Ortsnamen gesetzt.

2.7 Städtenamen in der Sowjetunion

Heutiger Name	Sowjetname	Zeitraum
St. Petersburg	*Leningrad*	*1924-1991*
Wolgograd	*Stalingrad*	*1925-1961*
Nischni Nowgorod	*Gorki*	*1932-1991*
Bishkek	*Frunse*	*1926-1991*
Duschanbe	*Stalinabad*	*1929-1961*

Die 1703 von Peter dem Großen auf einem Sumpfgelände gegründete Stadt St. Petersburg, ist anders als viele glauben, nicht nach diesem Zaren benannt, sondern nach dem Apostel Petrus. Da Peter der Große ein Faible für die Niederlande hatte, hieß der Ort erst Sankt-Pieterburch, doch schon bald nutzen auch die Russen die deutsche Version Sankt-Petersburg. Nach Ausbruch des Ersten Weltkriegs, man kämpfte gegen die Deutschen, wurde der Name zu Petrograd russifiziert. Als Lenin im Januar 1924 starb, wurde die Stadt in Leningrad umbenannt. So hieß sie bis September 1991 als das Ergebnis einer Volksabstimmung, die eine knappe Mehrheit für eine Rückbenennung ergeben hatte, umgesetzt wurde. Allerdings behielt die umliegende Verwaltungseinheit den Namen *Oblast Leningrad*, denn in der Volksabstimmung hatte sich eine Mehrheit dafür ausgesprochen.
Nach Lenins Tod riss Stalin die Macht immer mehr an sich. 1925 ließ er Wolgograd in Stalingrad umbenennen. Im Zweiten Weltkrieg ging die Stadt durch die dort stattfindende Schlacht mit den Deutschen in die Geschichte ein. Im Zuge der Entstalinisierung wurde die Stadt 1961 wieder in Wolgograd rückbenannt. 1932, noch zu Lebzeiten des Schriftstellers Maxim Gorki, wurde dessen Geburtsstadt Nishni Novgorod in Gorki umbenannt. Erst 1991 wurde sie rückbenannt. Kyrgystans Hauptstadt Bishkek war 1926-91 nach dem dort geborenen russischen Feldherren Frunse benannt.

2.8 Städtenamen in Indien

Neue Schreibweise	Alter Name
Alapuzha	*Allepey*
Varanasi	*Benares*
Mumbai	*Bombay*
Kozhikode	*Calicut*
Kolkata	*Kalkutta*
Chennai	*Madras*
Pune	*Poona*
Thiruvananthapuram	*Trivandrum*

Bombays Name leitete sich von den portugiesischen Worten Bom Bahia (Gute Bucht) ab. Dieser somit von Europäern kreierte Name war der örtlichen nationalistischen Hindupartei Shiv Sena ein Dorn im Auge, so dass sie 1995 die Umbenennung in den neuen Namen Mumbai, der auf die örtliche Hindugöttin Mumbadevi zurückgeht, durchsetzte. Auch der Bahnhof der Stadt (ehemals Victoria Terminal) wurde umbenannt und trägt heute den Namen eines Hinduherrschers.

Zum 1. Januar 2001 änderten die indischen Behörden die schreibweise von Calcutta (deutsche Schreibweise Kalkutta) in Kolkata ab, was der bengalischen Aussprache näherkommt. Kolkata hat sich im Deutschen bisher noch nicht so sehr durchgesetzt wie Mumbai.

Madras ist nach Madraspatnam benannt, wo die British East India Company 1639 eine feste Siedlung errichtete. Südlich davon gab es die Kleinstadt Chennapatnam. Beide Orte wuchsen zusammen. Die Engländer bezeichneten den entstandenen Siedlungskomplex als Madraspatnam, aus dem sich die spätere Bezeichnung Madras ergab, die Inder eher als Chennapatnam. Mit der im August 1996 erfolgten Umbenennung in Chennai wurde damit eine indischere Variante durchgesetzt.

2.9 Chinesische Städtenamen

Chinesische/neue Schreibweise	Deutsche/alte Schreibweise
Beijing	*Peking*
Dalian	*Dairen*
Nanjing	*Nanking*
Guangzhou	*Kanton*
Shenyang	*Mukden*
Qingdao	*Tsingtao*

In der chinesischen Sprache ist Bei der Norden, Nan der Süden, Dong der Osten und Xi der Westen. Jing ist die Hauptstadt. Beijing bedeutet deshalb *nördliche Hauptstadt*, Nanjing *südliche Hauptstadt*. Von 1928-1949, als die Kuonmintang-Regierung Nanjing zur Hauptstadt machte, hieß Peking, da es nicht mehr Hauptstadt war, Peiping (nördlicher Friede). Peking ist immer noch die offizielle deutsche Schreibweise, aber auch in deutschen Medien wird, wie im Englischen, zunehmend die der chinesischen Aussprache näher kommende Version Beijing genutzt. Die neue, chinesischere Schreibweise hat sich für weniger bekannte Städte noch stärker durchgesetzt. Man sagt heute auch im Deutschen eher Nanjing als Nanking. Für Guangzhou ist die vertrautere Bezeichnung Kanton noch gebräuchlich, aber diese hat den Nachteil, mit dem Schweizer Kanton verwechselt werden zu können. Die mandschurische Stadt Shenyang ist heute in Europa kaum mehr unter ihrem alten Namen Mukden bekannt und der ehemalige deutsche Kolonialstützpunkt Tsingtao ist ebenfalls weitgehend in Vergessenheit geraten. Durch die von den Deutschen um 1900 initiierte Bierproduktion und das populäre Tsingtao-Bier ist die alte deutsche Bezeichnung von Qingdao jedoch wörtlich noch in vieler Munde.

2.10 Ost- und südostasiatische Städtenamen

Neuer Name	Früherer Name
Tokio	*Edo*
Da Nang (Vietnam)	*Tourane*
Ho-Chi-Minh-Stadt	*Saigon*
Djakarta	*Batavia*

Der Name von vielen ostasiatischen Hauptstädten bedeutet schlichtweg Hauptstadt. Das trifft auf Beijing und Seoul zu, aber auch auf Tokio. Tokio hieß ursprünglich Edo. Als 1868 der kaiserliche Hof von Kioto nach Edo verlegt wurde, wurde Edo in Tokio, ‚östliche Hauptstadt' also, umbenannt. Nachdem die Stadt Tokio als politische Einheit 1943 aufgelöst wurde, besteht Tokio heute aus 23 Bezirken, welche in ihrer Funktionsweise eigenständigen Kommunen entsprechen.

Saigon, bis 1975 Hauptstadt Südvietnams, erhielt nach der Vereinigung Vietnams im Jahre 1976 den Namen Ho-Chi-Minh-Stadt (Than pho Ho Chi Minh). Der Revolutionär Ho Chi Minh (1880 (?)-1969) war 1955-1969 Präsident der Demokratischen Republik Vietnam, also Nordvietnams. Ganz ist der alte Name Saigons jedoch auch nach über 30 Jahren nicht verschwunden. Der internationale Flughafencode der Stadt ist immer noch SGN und der Hauptbahnhof der Stadt heißt immer noch Bahnhof Sai Gon. Die mittelvietnamesische Stadt Da Nang ist wiederum kaum mehr unter ihrem kolonialzeitlichen Namen Tourane bekannt.

Die Hauptstadt Indonesiens Djakarta hieß unter den Holländern Batavia. Batavia ist der lateinische Name für die Niederlande, er leitet sich vom Stamm der Bataver ab und sogar der Name Beethoven steht damit in Zusammenhang.

2.11 Afrikanische Städtenamen

Neuer Name	Alter Name
Kalemie	*Albertville*
Lubumbashi	*Elisabethville*
Kinshasa	*Leopoldville*
Harare	*Salisbury*
Kisangani	*Stanleyville*
Maputo	*Lourenço Marques*

Nachdem sie ihre Unabhängigkeit erhielten, machten sich viele afrikanische Staaten daran, aus der Kolonialzeit stammende geographische Bezeichnungen durch afrikanische Bezeichnungen zu ersetzen. Das Ausmaß der Umbenennungen unterschied sich jedoch zwischen den Ländern. In der Republik Kongo beließ man den Namen der Hauptstadt, welche nach dem französisch-italienischen Entdecker Brazza benannt worden war. In der Demokratischen Republik Kongo, welche zeitweise Zaire hieß, wurde aus Leopoldville jedoch Kinshasa. Der belgische König Leopold, dem der Kongo zeitweise als Privatbesitz gehörte, ließ das Land brutal ausbeuten, die Umbenennung war deshalb politisch notwendig. Im Kongo wurde zudem aus Elisabethville Lubumbashi und aus Stanleyville (Stanley hatte einst das Land für die Belgier erkundet). Maputo, die Hauptstadt Mosambiks, hieß unter den Portugiesen Lourenço Marques. Marques war ein portugiesischer Händler, der die Gegend 1544 erkundet hatte. Nach Erlangen der Unabhängigkeit wurde die Stadt 1975 in Cam Phumo umbenannt. Im Februar 1976 erfolgte eine erneute, bis heute gültige Umbenennung in Maputo. In Südafrika beschloss im März der Stadtrat der Hauptstadt Pretoria, diese in Tshwane, was ‚wir sind alle gleich' bedeutet, umzubenennen. Nach Einwohnerprotesten wurde dieser Beschluss bisher jedoch noch nicht umgesetzt.

3. Verballhornungen, Kurzformen und Spitznamen

3.1 Verballhornungen – deutsche Städte

Stadt	Verballhornt zu
Bad Reichenhall	*Bad Leichenhall*
Frankfurt	*Krankfurt, Bankfurt, Junkfurt*
Hannover	*Hangover*
Heilbronn	*Heilbronx*
Idar-Oberstein	*Idar-Oberbeton*
Marktoberdorf	*Moderdorf*
Offenbach	*Besoffenbach*
Ottendorf-Okrilla	*Mottendorf-Godzilla*
Pirmasens	*Pirmanonsens*
Recklinghausen	*Schrecklingsgrausen*
Stuttgart	*Kaputtgart*
St. Ingbert	*Stinkberg*
Wiesbaden	*Fiesbaden*

Als der Lübecker Buchdrucker Johann Balhorn eine Ausgabe des Lübecker Stadtrechts herausgab, welche, statt der angekündigten Verbesserungen, mehr Fehler als die vorige enthielt, bürgerte sich die Redewendung ‚verbessert durch Balhorn' ein, aus der sich der heutige Ausdruck Verballhornung ergab.

Die Stadt in Deutschland, deren Name am meisten verballhornt wird, ist Frankfurt. Heute sagt man vor allem *Bankfurt*. Als die Stadt in den 70er Jahren in der Krise war, sagte man auch *Krankfurt*. Seltener und auf die Zeit der Punker und offenen Drogenszene beschränkt waren Bezeichnungen wie *Punkfurt* oder *Junkfurt*. In seinem Buch ‚*Wer soll das alles ändern*' zeigte der Comiczeichner Gerhard Seyfried 1978 eine Karte der damaligen BRD mit einer weiteren Variante: ‚Gestankfurt'. Auf dieser Karte sind viele Stadtnamen verballhornt. Beispiele sind Kaputtgart, Slumburg (Hamburg), Restberlin, Rostberlin, Hölln (Köln), Bleiburg (Freiburg), Türmberg (Nürnberg), Lynchen (München), Abortmund (Dortmund), Bonnz (Bonn), Würgburg (Würzburg), Flennsburg, Bremersklaven und Fiesbaden, siehe Tabelle im Anhang. In einer neuen Version der Karte aus dem Jahre 1990 machte Seyfried aus Weiden, *Leiden in der Oberpfalz*.

Als die durch das Zentrum der Schmuckstadt fließende Nahe von 1980-85 mit einer vierspurigen Bundesstraße überbaut wurde, hatte Idar-Oberstein bei Kritikern dieser Maßnahme zeitweise den Spitznamen ‚*Idar-Oberbeton*'.

Bad Reichenhall ist mit seiner schönen Lage in den Alpen ein beliebter Altersruhesitz und Reiseziel für ältere Reisende. Aufgrund des hohen Altersdurchschnittes wird die Stadt auch als *Bad Leichenhall* verballhornt.

Das schwäbische Marbach wurde wegen seines hohen Migrantenanteils auch schon zu Marabach verballhornt.

Zu den schönsten Verballhornungen gehört die des Ost-Berliner Industriequartiers *Oberschöneweide* (Teil von Treptow-Köpenick), welches durch Umstellung von wenigen Buchstaben zu *Oberschweineöde* wird.

Eine interessante Verballhornung ist auch die östlich von Dresden gelegenen Gemeinde Ottendorf-Okrilla, welche im Volksmund auch *Mottendorf-Godzilla* genannt wird.

Die Ruhrgebietsstadt Recklinghausen wird auch zu *Schrecklingsgrausen* verballhornt, Pirmasens zu Pirmanonsens. Manche ergänzen bestehende Bezeichnungen zudem (oder ersetzen sie), Beispiel Dortmund durch *Hier Nase*, Koblenz zu *Noblenz Koblenz* und aus Baden-Baden wird *Waschen-Fönen*.

☞ Der schwäbische Kabarettist Matthias Richling verballhornte einst den angeblichen Stadtslogan Stuttgarts ‚*Stadt zwischen Hängen und Reben*' zu ‚*Stadt zwischen Hängen und Würgen*'.

3.2 Verballhornungen international

Stadt	Verballhornung
Minneapolis	*Mini Apple*
Philadelphia	*Killadelphia*
San Francisco	*Frisco*
Nuevo Laredo	*Narco Laredo*
Stadtnamen, die sich aus Verballhornungen ergaben	
Vlissingen	*Picilingue (Mexiko)*
Teheran	*Tirana (Albanien)*
Produktnamen aus Verballhornungen abgeleitet	
Genua	*Jeans*
Nimes	*Denim*
Einbeck	*Bockbier*

Aus den USA bekannte Städteverballhornungen *Killadelphia* für Philadelphia (hohe Mordrate), *Frisco* für San Francisco und *Mini Apple* für Minneapolis.

Die mexikanische Stadt Pichilingue war einst ein Piratennest. Die Piraten sollen Holländer aus Vlissingen gewesen sein. Der Name der Stadt im Bundesstaat Baja California ergab sich so als Verballhornung des Namens der holländischen Hafenstadt.

Die albanische Hauptstadt Tirana wurde 1614 vom türkischen Feldherr Sulejman Pasha gegründet. Dieser soll auch an einem Feldzug in Persien beteiligt worden sein, welcher ihm die Gelegenheit gab, Teheran zu sehen. So nannte Pasha die albanische Stadt nach der persischen Hauptstadt. Allerdings gibt es auch andere Erklärungen, wie Tirana zu seinem Namen kam. Verballhornungen von Städtenamen gaben auch verschiedenen Produkten ihren Namen. Jeans leitet sich von Genua ab, da die Baumwollhosen ursprünglich aus Genua in die USA kamen. Lévi-Strauss fertigte seine Jeans aus in der Stadt Nîmes hergestelltem Gewebe. Daraus wurden die Denim- (de Nîmes) Jeans.

3.3 Dialektvarianten, lokale Kurzformen

Stadt	Lokale Variante
Aschaffenburg	Aschebersch
Dresden	Dräsdn
Eisenhüttenstadt	Hütte
Fürth	Ferd
Gütersloh	Gütsel
Köln	Kölle
Leipzig	Leipzsch
Magdeburg	Magdeburch
Manneim	Monnem
München	Minga
Nürnberg	Noris
Regensburg	Rengsburg
Stuttgart	Schtueget/ Schtuaget
Zürich	Züri
Birmingham	B-ham
Philadelphia	Philly
São Paulo	Sampa
Kinshasa	Kin

Der fränkische Dialekt macht aus Aschaffenburg Aschebersch und aus Fürth Ferd. In Franken sagt man ‚*Wer nichts werd, werd Werd in Ferd*' (...wird Wirt in Fürth). Im Sächsischen spricht man Dresden Dräsdn aus. Es gibt in Sachsen den Satz ‚*Dresdn sorum oder dresdn sorum, es Leipzsch doch alles gleich.*'

München heißt bei den Oberbayern auch Minga, wegen der vielen *Zuagroasten* aus dem Ausland gibt es mittlerweile auch den Spitznamen *Mingabul*.

Zürich ist den Schweizern als Züri bekannt. Als es dort 1980 Jugendunruhen gab, hieß es ‚*Züri brännt*' (...*die alte Wixerstadt Züri brännt vor Langwiil ab*. ‚Züri brännt' ist auch der Titel eines mittlerweile legendären Films über die Krawalle).

3.4 Kürzel und Akronyme

Stadt	Lokale Variante
Bratislava	*Blava*
Buenos Aires	*BA*
Landshut	*LA*
Los Angeles	*LA*
Kinshasa	*Kin*
Kuala Lumpur	*KL*
Mexico City DF	*El Defe*

Die bekannteste Stadtabkürzung ist LA für Los Angeles. Die Stadt hatte ursprünglich sogar einen noch längeren Namen. Gegründet wurde sie nämlich als *El Pueblo de la Reina de Los Ángeles* (das Dorf der Königin der Engel). Inoffiziell hieß LA früher sogar *El Pueblo de Nuestra Señora la Reina de los Ángeles del Río de Porciúncula*, da sie am Fluss Portiuncula lag.

Das deutsche LA ist Landshut, zumindest stehen diese Buchstaben auf dem örtlichen Autokennzeichen. In den 1980er Jahren gab es einen bayerischen Song mit den Zeilen, *Landshut LA, da gfallt's dir narrisch, gei'*.

Montevideo, die Hauptstadt Uruguays wird auch als ,*BA minus LA*' beschrieben. Damit soll ausgedrückt werden, dass sie so ist wie Buenos Aires (BA), ohne die Ausdehnung von Los Angeles (LA) zu haben.

Mexiko-Stadt bildet einen eigenen Bundesdistrikt, den Distrito Federal (D.F.). Damit es keine Verwechslung mit dem Landesnamen gibt, versuchen die Mexikaner, die Hauptstadt nicht Mexiko zu nennen. Sie sagen deshalb zum Beispiel El Defe (von Distrito Federal).

Die Hauptstadt der Demokratischen Republik Kongo Kinshasa wird von Einheimischen auch Kin genannt. Früher hieß es ,*Kin la belle*', heute sagt man dort jedoch ,*Kin la poubelle*' (,Kinshasa der Mülleimer').

3.5 Slang- und andere spezielle Spitznamen

Stadt	Spitzname
Augsburg	*Datschiburg*
Bielefeld	*Puddingtown*
Bremerhaven	*Fishtown*
Eisenhüttenstadt	*Schrottgorod, Blechbudenhausen*
Leipzig	*Hypezig*
Ludwigshafen	*Lumpehafen*
Ludwigsburg	*Lumpeburg*
Offenburg	*Burdapest*
Stuttgart	*Benztown*
Wilhelmshaven	*Schlicktown*

Weil in Augsburg der Zwetschgendatschi erfunden wurde, hat Augsburg den Spitznamen *Datschiburg*.
Wilhelmshaven hatte einst in Anlehnung an den deutschen Stützpunkt in China, Tsingtao, wo etliche Wilhelmshavener stationiert waren, und seine Lage am Wattenmeer den Spitznamen ‚Scklicktau'. Dadurch wurde später im Zuge der Nato-Mitgliedschaft die anglisierte Form *Schlicktown*. In Offenburg hat der Burda-Verlag seinen Sitz. Redakteure nennen die Stadt deshalb auch *Burdapest*. Den sparsamen und pietistischen Schwaben war die von Herzog Eberhard Ludwig prächtig ausgebaute barocke Schlossanlage von Ludwigsburg ein Dorn im Auge. Ludwig feierte hier mit seiner Gespielin ausladende Feste, viele Ausländer waren am Hof, die Sitten waren locker. Das Volk nannte Ludwigsburg deshalb *Lumpe(n)burg*, ein Spitzname, welcher sich bis heute erhalten hat. Aus ganz anderen Gründen wird Ludwigshafen als Lumpe(n)hafen bezeichnet. Mannhcim war damals eine repräsentative Residenzstadt und als am gegenüberliegenden, damals bayerischen Rheinufer die ersten Gebäude eines neuen Hafenstandortes errichtet wurden, galten diese bescheidenen Anfänge den Mannheimern als Lumpe(n)hafen

3.6 Von Fußballfans genutzte Codes

Stadt	Spitzname
Dortmund	*Lüdenscheid Nord*
Schalke	*Herne West*
Braunschweig	*Peine Ost*
Hannover	*Peine West*

Borussia Dortmund und Schalke 04 sind Rivalen. Um den Namen des gegnerischen Vereins nicht aussprechen zu müssen sagen die Schalker auch Lüdenscheid Nord, die Dortmunder Herne West.

Etwas ähnliches gibt es zwischen Braunschweig (Peine Ost) und Hannover (Peine West).

Magdeburg und Halle, Erfurt und Jena sind ebenfalls Rivalen, doch ähnliche Wortspiele sind dazu nicht bekannt.

Die Frankfurter spotten jedoch manchmal über Mainz als Karnevalsverein.

Manche Vereine werden in der Presse noch andere Ausdrücke verwendet, um in Spieldarstellungen Abwechslung zu bringen. München wird zum Beispiel auch als Rekordmeister bezeichnet. Als Schalke knapp an der Meisterschaft scheiterte nannte es sich Meister der Herzen. Leverkusen ist bisher nie deutscher Meister genommen. Man nimmt sich dort mit dem Titel Vizekusen selbst auf die Schippe, versucht aber auch Cleverkusen zu sein.

4. Neuankömmlingen und Alteingesessene
4.1 Alteingesessene

Stadt	Ausdruck für Alteingesessene
Aachen	Öcher
Bochum, Ruhr, Sauerland	Pöhlbürger (westfälische Urbevölkerung)
Braunschweig	Klinterklater (mit Okerwasser getauft)
Bremen	Tagenbaren
Fellbach	Maikäfer
Freiburg	Bobbele
Hamm	Hammenser
Halle	Hallenser
Hamburg	Waschechte Hamburger, Hanseaten
Jena	Jenenser
Kassel	Kasseläner
Mainz	Meenzer
Wien	Bazi

Während in Süddeutschland meist nur zwischen Einheimischen und Zugereisten differenziert wird, bedarf es in Bremen zweier Eltern und vierer Großeltern, die in Bremen geboren wurden, um als Tagenbaren (von baren = geboren), als waschechter Bremer also, zu gelten. In Hamburg geht man nur in die zweite Generation: ein gebürtiger Hamburger ist, wer in Hamburg geboren ist, beim geborenen und damit waschechten Hamburger müssen auch beide Eltern in Hamburg gebürtig sein.

In Kassel ist das Klassifikationssystem wieder anders: Leute, die woanders geboren wurden, aber heute in Kassel leben, werden *Kasseler* genannt. Menschen, die in Kassel geboren wurden, aber später wegzogen, gelten dagegen als *Kasselaner*. Ähnliches gilt für Mainz (*Mainzer, Määnzer, Meenzer*). Und schließlich werden Bürger, die in Kassel geboren wurden und immer noch dort leben, als *Kasseläner* bezeichnet. In Halle heißen dort geborene *Hallenser*, Zugereiste werden scherzhaft *Hallunken* genannt. In Fellbach bei Stuttgart nennen sich die Einwohner *Maikäfer*, während die Zugereisten *Engerlinge* genannt werden. In Südtiroler Städten sind die Einheimischen wiederum die *Dosigen* (die von da).

4.2 Neuankömmlinge

Stadt	Ausdruck für Neuankömmlinge
Berlin	Rucksackberliner, Außerhalbsche
Frankfurt	Eingeplackte
Fellbach	Engerlinge
Halle	Hallunken (scherzhaft)
Hamburg	Quiddje
Hannover	Butjer
Heidelberg	Reigflickte; Hergeloffene
Jena	Jenaer (Alteingesessene: Jenenser)
Kassel	Kasseler (Alteingesessene= Kasseläner)
Köln	Imis, Pimmock
Mannheim	Roigschneite
München	Zuagroaste (Zugereiste)
Mainz	Messfremde Mainzer (Alteingesessene= Meenzer)
Nürnberg	Neigschlaafter
Saarbrücken	Die aus'm Reich, Dahergeloffene
Stuttgart	Reigschmeckte

Manche Großstädte haben spezielle Begriffe für Zugereiste. In Hamburg sagt man seit dem 19. Jahrhundert Quiddje, was sich eventuell vom französischen Wort *quitté* (verlassen) ableitet. So wurde der in Schlesien geborene Herbert Weichmann, von 1965-1971 Bürgermeister Hamburgs, von alteingesessenen Hamburgern als *‚der Quiddje aus Schlesien'* bezeichnet.

In Hannover sagt man, selten, Butjer (die von Außen) zu den Zugereisten.

In Köln heißen Zugereiste Imis. Das ist jedoch nicht die Kurzform von Immigranten, sondern steht für *‚die Imitierten'*. In Frankfurt werden Neuankömmlinge *Eingeplackte* genannt. In Stuttgart sind es die *Reigschmeckte* (Reingschmeckte), im Raum Heidelberg/Mannheim sagt man auch *Roigschnaite* (Reingschneite). In Bayern und Österreich sagt man Zugereiste, angepasst an die örtliche Dialektvariante (Zuagroasta, Zugraaste). Im Saarland, welches in der Zwischen- und Nachkriegszeit zeitweise vom übrigen Deutschland abgeschnitten war, sagt man auch *‚die aus'm Reich'*, bzw. *die Dahergeloffenen.*

In Kassel, Mainz und Jena wird ähnlich zwischen Neuankömmlingen und Alteingesessenen unterschieden. Kasseler, Jenaer, Mainzer, das sind die Zugezogenen, die Alteingesessenen sind dagegen die Kasseläner, die Meenzer und die Jenenser. In Halle an der Saale ist es ähnlich, nur dass es da den scherzhaften Begriff Hallunken für Zugereiste gibt.

4.3 Spitznamen von Stadtbewohnern - Deutschland

Stadt	Spitzname der Stadtbewohner
Baden-Württemberg	
Esslingen	Zwieblinger
Freiburg	Bobbele
Heidelberg	Neckarschleimer
Karlsruhe	Briganten
Mannheim	Bloomäuler
Pforzheim	Seggel
Stuttgart	Stäffelesrutscher
Tübingen	Gäge
Bayern	
Augsburg	Datschiburger
Würzburg	Meescheißer
Nürnberg	Herrgottschwärzer
Schweinfurt	Schnüdel
Rheinland-Pfalz, Hessen	
Darmstadt	Heiner
Fulda	Rucksäck
Gießen	Schlammbeiser
Kassel	Windbiedel
Koblenz	Schängel
Mainz	Büttel
Pirmasens	Schlappeflicker
Trier	Pfeifen, Hornis
Niedersachsen, Bremen	
Osnabrück	Osnasen
Braunschweig	Klinterklater
Bremen	Pfeffersäcke
Bremerhaven	Fischköpfe
Thüringen	
Erfurt	Puffbohnen
Jena	Käsehitschen

Vor allem in Süddeutschland gibt es für zahlreiche Städte Spitznamen für deren Bewohner. Die Mannheimer heißen zum Beispiel auch Bloomäuler (Blaumäuler). Seit 1970 wird für verdiente Mannheimer der *Bloomaulorden* als höchste bürgerschaftliche Auszeichnung der Stadt vergeben.

Die Heidelberger Neckarschleimer sind jedoch keine Schleimer, denn das Wort leitet sich von (Neckar-)Schlamm ab. Die Bewohner der Münchner Vorortgemeinden Ober- und Unterschleißheim werden jedoch auch zu *Schleimscheissern* verballhornt.

Die Augsburger haben den Zwetschgendatschi (mit Pflaumen belegter Obstkuchen) erfunden und heißen deshalb auch Datschiburger. Die Bewohner von Schweinfurt („*Schnüdl-Hausen*') heißen *Schnüdel*.

In Pforzheim gelten die Einheimischen als *Seggel*, was sich für andere Baden-Württemberger eher als Schimpfwort anhört, denn es klingt wie Seckel. Für den Pforzheimer ist jedoch der Ausdruck *Halbseggel* eine Beleidigung. Im von Hügeln und Weinbergen eingefassten Stuttgart gibt es zahlreiche Treppchen (Stäffele), die Stuttgarter werden deshalb in den umliegenden Regionen auch als *Stäffelesrutscher* bezeichnet.

Pirmasens war einst eine wichtige Garnisonsstadt unweit der Grenze zu Frankreich. Doch als der Landgraf Ludwig IX von Hessen-Darmstadt 1790 starb, wurde die Garnison aufgelöst und tausende Soldaten waren plötzlich ohne Arbeit. Manche von ihnen begannen, aus den überflüssigen Leder-Uniformen Schlappen zu schneidern und Schuhe zu reparieren. Dies legte die Grundlage der später bedeutsamen Pirmasenser Schuhindustrie und gab den Bewohnern den Spitznamen *Schlappeflicker*.

Für die Binnenländer sind die Küstenbewohner auch die *Fischköpfe*. In Bremen werden so die Bremerhavener bezeichnet, denn Bremerhaven (Fishtown) ist ein wichtiger Standort der Fisch verarbeitenden Industrie. Die Stadt Bremen selbst gilt als Kaffeerösterstadt, ihre Kaufmannsgilde nennt man (wie in Hamburg) *Pfeffersäcke*.

4.4 Spitznamen von Stadtbewohnern - Europa

Österreich	
Salzburg	Stierwascher
Belgien	
Antwerpen	Sinjoren
Brügge	Zotten
Brüssel	Kiekenfretter, Ketje, Zinneke
Eupen	Belgier
Gent	Stroppendragers (Strickträger)
Namur	Escargots (Schnecken)
Niederlande	
Amsterdam	Mokumer
Den Haag	Windhapper
Utrecht	Baliekluiver
Zwolle	Blaufinger
Großbritannien, Irland	
Liverpool	Scouser
Birmingham	Brummie
Newcastle	Geordie
East London	Cockney
Plymouth	Janner
Sunderland	Mackem
Hartlepool	Monkeyhanger
Dublin	Molly Malone
Frankreich	
Lille	Ch'tis
Selestat	Zwiebelstampfer
Straßburg	Meisenlocker
Spanien, Portugal	
Porto	Tripeiros (Kuttelfresser)
Bilbao	Bochos
Norwegen	
Haugesund	Araber

Die Salzburger werden auch *Stierwascher* genannt. Und das kam so: vor vielen hundert Jahren wurde Salzburg von einem feindlichen Heer belagert. Salzburg war damals gut befestigt und konnte nicht so leicht eingenommen werden. Deshalb wollte man die Salzburger aushungern. Nach einigen Tagen waren die Nahrungsvorräte fast aufgezehrt. Nur noch ein Stier, war übriggeblieben. Dieser war braun gefleckt und gut genährt. Um dem Feind zu zeigen, dass man noch zu essen hatte, wurde dieser am nächsten Tag auf die Stadtmauer getrieben. In der kommenden Nacht strichen die Salzburger den Stier weiß an und zeigten ihn wieder auf der Stadtmauer. Am dritten Tag lief ein pechschwarzer Stier auf der Stadtmauer. Die Belagerer dachten nun, die Salzburger wären noch auf lange Zeit mit Nahrung versorgt und zogen in der nächsten Nacht heimlich ab. In Salzburg herrschte großer Jubel über die erfolgreiche List und man trieb den Stier zur Salzach und wusch ihn wieder braun. Der Fluß soll bis Oberndorf mit Seifenschaum bedeckt gewesen sein und von diesem Tag an hatten die Salzburger den Spitznamen Stierwascher.
Die Liverpooler heißen im übrigen Großbritannien Scousers. Das soll mit dem dort gegessenen Lobscouse zusammenhängen, ein Gericht, welches in Norddeutschland ebenfalls gegessen wird und dort Labskaus heißt und aus Pökelfleisch, Kartoffeln, Matjes, Zwiebeln und Roten Beeten besteht.
Die Einwohner der Hafenstadt Hartlepool werden auch *Monkeyhangers*, Affenhänger genannt. Dazu gibt es folgende Legende: während der Napoleonischen Kriege strandete ein französisches Schiff vor der Küste Hartlepools. Der einzige Überlebende war ein Affe, welcher eine französische Uniform trug (wohl um die Besatzung zu amüsieren). Als man den Affen entdeckte, beschlossen die Einwohner, einen spontanen Schauprozess abzu-

halten. Da sie nicht wussten, wie die befeindeten Franzosen wirklich aussahen, gingen sie davon aus, dass es sich beim Affen um einen französischen Spion handelte. Der Affe wurde zum Tode verurteilt und am Mast eines Fischerbootes erhängt.

Im Jahr 2002 gewann Stuart Drummond die Bürgermeisterwahl Hartlepools mit dem Wahlkampfmotto: ‚*Gratis-Bananen für die Schüler Hartlepools.*'

Die Dubliner werden auch *Molly Malones* genannt. Molly Malone ist ein irisches Volkslied. Das Lied erzählt die Geschichte der hübschen Dubliner Fischhändlerin Molly Malone, die in jungen Jahren an Fieber stirbt. Zur 1000- Jahr-Feier Dublins 1988 wurde eine Molly Malone Statue aufgestellt. Die Frauenfigur ist freizügig ausgefallen, das Kleid zeigt einen Ausschnitt mit üppiger Oberweite. Deshalb wird die Plastik auch *Tart with the Cart* (Flittchen mit Karren) oder *Dish with the Fish* (scharfe Braut mit Fisch) genannt.

Die Einwohner der nordfranzösischen Stadt Lille heißen wiederum wegen ihres Akzents *Ch'tis*, und seit dem Film ‚*Willkommen bei den Ch'tis*' ist diese Tatsache weit bekannter als jemals zuvor. Die flämischen Genter heißen auch *Stroppendragers* (*Strickträger),* weil sie sich einst gegen Kriegssteuern gewehrt hatten und Kaiser Karl ihnen 1539 als Strafe auftrug, einen Strick um den Hals zu tragen. Die Antwerpener sind seit der Herrschaft der Spanier (ab 1585) die *Sinjoren* (von señores). Allerdings gilt man streng genommen nur als Sinjor, wenn man innerhalb der ehemaligen spanischen Festungsanlagen geboren ist. Diejenigen, die in den Antwerpener Vorstädten wohnen, werden Pagadder genannt. Auch das kommt aus dem Spanischen (pagador). Denn früher galten die außerhalb der Stadtmauern Wohnenden als Zahlbürger, die keinen Schutz genossen, aber trotzdem Abgaben leisten mussten.

4.5 Spitznamen von Stadtbewohnern - Welt

USA	
Pittsburgh	Yinzer
New Orleans	Yat
Lateinamerika	
Rio de Janeiro	Cariocas
Buenos Aires	Portenos
São Paulo	Paulistas
Mexico City	Chilangos
Guadalajara	Tapatio
Veracruz	Jarocho
Bogota	Cochacos
Medellin	Paisas

In Lateinamerika sind die Stadtnamen oft lang und nicht aus allen lassen sich einfach auszusprechende Namen für ihre Bewohner ableiten. Für die Bewohner größerer Städte gibt es deshalb oft spezielle Ausdrücke. Die Einwohner von Mexiko-Stadt heißen *Chilangos* (auch damit sie nicht mit den Mexikanern im Allgemeinen verwechselt werden), Mexiko-Stadt wird deshalb auch *Chilangolandia* genannt. Die Einwohner der Hafenstadt Buenos Aires heißen Portenos (Hafenstädter). In Lateinamerika gibt es den Spruch, dass die Mexikaner von den Azteken abstammen, die Peruaner von den Inkas, die Argentinier jedoch von den Schiffen, denn ihre Vorfahren kamen per Schiff aus Europa. Die Bewohner von Rio werden *Cariocas* genannt. Dies leitet sich vom Ausdruck Kara'i oca aus der Indianersprache der Tupi ab, was Weißes Haus bedeutet. So nannten die Indianer die von den Europäern gebauten Häuser in Rio. In Kolumbien wird zwischen Küstenbewohnern (Costenas) und Inlandsbewohnern (Cochacos) unterschieden- zu Letzteren zählen die Hauptstädter.

4.6 Umland und Peripherie

Stadt/Land	Umland, abgelegenes Gebiet
Umland	
Berlin	JWD ('jannz weit draussen')
Bremen	Umzu
Peripherie und weit weg	
Deutschland (Ost)	Posemuckl
Deutschland (Nord)	Kleinkleckersdorf
Deutschland (Süd)	Hintertupfingen
Deutschland (Europa)	Walachei
Deutschland (Welt)	Timbuktu, In der Pampa
Russland	Urjupinsk
Russland	Muchosransk
Ungarn	Mucsa
Türkei	Anyadan Konya'dan
USA	Podunk

Berlin ist so groß, dass schon das Umland als JWD erscheint (*jannz weit draussen*), ganz weit draussen also. Im schlanken Stadtstaat Bremen ist das Umland dagegen nah, man sagt dazu *Umzu*. In Zürich hat *Aargauer* die Konnotation von ‚provinzieller Umlandbewohner'.

Früher galt in Deutschland das brandenburgische Dorf Posemuckel als Inbegriff eines abgelegenen Ortes. Posemuckel gehört heute zu Polen. Statt Posemuckel sagt man im Norden Deutschlands heute auch *Kleinkleckersdorf*, im Süden *Hintertupfingen*. Beidesmal wird damit auch ein unbedeutender Ort bezeichnet. In Russland gilt *Muchosranks* als Inbegriff eines abgelegenen Ortes (am Arsch der Welt), während *Babrujsk* und *Urjupinks* Inbegriffe für Provinzialismus sind. In der Türkei wird Abgelegenheit in Zusammenhang mit der Stadt Konya gebracht, die weit entfernt von jeder anderen großen türkischen Stadt liegt. In den USA ist *Podunk* Ausdruck für einen abgelegenen Ort.

5. Kulinarisches

5.1 Das beste Essen-Deutschland

Stadt	Michelinsterne			
	1994	2005	2010	2019
Berlin	5	7	13	27
München	10	5	10	18
Hamburg	7	9	11	18
Frankfurt	3	4	6	12
Köln	3	5	6	12
Stuttgart	3	6	7	12
Düsseldorf	6	6	8	11
Baiersbronn	5	6	7	8
Saarbrücken	0	2	4	5
Bergisch Gladbach	2	6	6	3

Die kleine Schwarzwaldstadt Baiersbronn gilt als Gourmethauptstadt Deutschlands. Sie hat (2019) zwei Restaurants mit drei Michelin-Sternen und zwei mit einem Stern. Berlin, lange eine kulinarische Wüste, hat in den letzten Jahren, was die Qualität seiner Restaurants betrifft, kontinuierlich aufgeholt und ist mittlerweile die deutsche Stadt mit den meisten Michelinsternen (27). Auch Hamburg hat sich bis 2010 kontinuierlich gesteigert, wurde aber 2010 von Berlin, 2011 auch von München überholt (2019 wieder Gleichstand). Im Kommen sind Stuttgart, Frankfurt und Köln letztere lange mit Spitzenrestaurants eher bescheiden ausgestattet. München, mit Restaurants wie Aubergine und Tantris unter den Großstädten lange Zeit an der Spitze, ist im letzten Jahrzehnt zurückgefallen, hat aber mittlerweile wieder aufgeholt. Zu den Absteigern gehören Hannover (1994: 4 Sterne, heute: 1) und Bergisch Gladbach.

5.2 Das beste Essen-Europa

Land/Region	*Kulinarische Hauptstadt* (Michelinsterne)
Italien	Bologna (1)
Spanien	San Sebastian (9)
Frankreich	Lyon (22)
Griechenland	Thessaloniki
Großbritannien	Nottingham
Niederlande	Maastricht (5)
Irland	Kinsale
Schweden	Göteborg (7)
Schweiz	Genf (9)
Belgien-Flandern	Brügge (14)
International	
Welt	Paris (118), London (66)
Europa	Paris (118), Brüssel (21)
Skandinavien	Kopenhagen (20)

In Italien hat Bologna (la grassa, ‚die Fette') seit Jahrhunderten den Ruf einer Gourmetstadt- verfügt aber erstaunlicherweise nur über ein einziges Restaurant mit Michelinstern. Die meisten Michelinsterne im Land haben Mailand (17) und Rom (17) gefolgt von Turin (7) in der Gourmetregion Piemont. Turin nennt sich auch ‚Hauptstadt des Geschmacks'. In Spanien hat Barcelona die meisten Michelinsterne (27), gefolgt von Madrid (20). Als kulinarische Hauptstadt gilt jedoch das baskische Donostia/San Sebastian, einzige spanische Stadt mit zwei Dreisternerestaurants. In Griechenland gilt Thessaloniki als kulinarische Hauptstadt: hier vermischen sich in der Küche griechisch-mediterrane Elemente mit Einflüssen aus der türkischen Küche und derjenigen der nahen Balkanländer. In Frankreich gilt Lyon (22 Sterne) als kulinarische Hauptstadt des Landes, während sich Paris

(118 Sterne, darunter 10 Restaurants mit drei Sternen) als kulinarische Welthauptstadt sieht. Belgiens Hauptstadt Brüssel gilt als Gourmetstadt europäischen Rangs. Die kulinarische Hauptstadt des flämischen Landesteils ist Brügge (14 Sterne). Die flämische Stadt Hasselt vermarktet sich neuerdings als ‚Capital of Good Taste'. Die Niederlande haben, wie andere vom Protestantismus geprägte Länder, nicht den Ruf eines Gourmetlandes. So findet man außerhalb des Landes auch keine ‚holländischen Restaurants'. Als kulinarische Hauptstadt der Niederlande gilt mit Maastricht eine Stadt, die katholisch ist, nahe an der belgischen Grenze liegt und von der Küche des Nachbarlandes beeinflusst ist. Nur Amsterdam (19) hat mehr Michelinsterne als Maastricht.

Neben der niederländischen hat auch die britische Küche nicht gerade einen guten Ruf. Doch zahlreiche, vor allem asiatische Einwanderer haben den großen Städten des Landes mittlerweile zu einer ansehnlichen Restaurantszene verholfen. In Europa hat außer Paris keine andere Stadt mehr Michelinsterne als London (66). London sieht sich deshalb manchmal als eine kulinarische Welthauptstadt. Im Februar 2006 veröffentlichte MSN Local Search die *Frequency of Overseas Dishes*-Studie. Nottingham lag bei dieser Untersuchung an der Spitze, was die Dichte internationaler Restaurants betraf. Pro Quadratmeile fanden sich hier 6 indische, chinesische oder Thai-Restaurants. Nottingham wurde in diesem Zusammenhang *‚kulinarische Hauptstadt Großbritanniens'* genannt.

Kopenhagen gilt mit 20 Michelinsternen und Avantgardeköchen als kulinarische Hauptstadt Skandinaviens. Allerdings reklamieren auch Oslo (6) und Stockholm (12) diesen Titel. Als kulinarische Hauptstadt Schwedens sieht sich wiederum Göteborg (7).

5.3 Das beste Essen Amerika

Land/Region	*Kulinarische Hauptstadt*
USA	New York
Kanada	Montreal
Brasilien	São Paulo
Mexiko	Oaxaca, Puerto Vallarta
International	
Südamerika	Lima/Peru

New York mit seiner vielfältigen Einwandererküche gilt als kulinarische Hauptstadt der USA (53 Michelinsterne). San Francisco (40) liegt an zweiter Stelle, gefolgt von Los Angeles (24) und Chicago (23).

In Kanada sieht sich das von französischer Kultur geprägte Montreal als kulinarische Hauptstadt. Auch Toronto und Vancouver mit ihren vielen asiatischen Restaurants haben Ambitionen auf diesen Titel.

In Mexiko ist in Guadalajara das Essen am mexikanischsten und der Tequila am besten. Oaxaca, ‚Land der sieben Moles', hat die besten Soßen. Anderseits sagt man ‚*wenn du gut essen willst, fahre nach Michoacan*'. Auch der pazifische Badeort Puerto Vallarta ist für seine guten Restaurants bekannt.

In Brasilien gilt São Paulo mit seinen vielfältigen Einwandererküchen als kulinarische Hauptstadt. Hier gibt es besonders viele japanische und libanesische Restaurants. Die beste lateinamerikanische Küche soll jedoch Peru haben. In Lima werden Meeresfrüchte (Peru gehört zu den wichtigsten Fischfangländern der Welt) mit Nahrungsmitteln aus den Anden und tropischen Früchten zu einer interessanten Küche vermischt. Peru bzw. Lima haben deshalb den Ruf - was kulinarische Aspekte betrifft - in Lateinamerika führend zu sein.

Den Titel ‚*Culinary Capital of the Caribbean*' reklamieren die Inseln Martinique und Sint Maarten.

5.4 Das beste Essen Asien

Land/Region	*Kulinarische Hauptstadt*
Indien	Delhi
Japan	Osaka (80)
China	Guangzhou (Kanton), Chengdu
Malaysia	Penang
Vietnam	Hue
	International
Mittlerer Osten	Beirut
Ostasien	Hongkong (32)

2007 begann Michelin, Tokio zu testen, und seither ist Paris als kulinarische Welthauptstadt entthront, denn Tokio bekam 2009 227 Sterne, mehr als doppelt so viel wie die französische Kapitale (99). Innerhalb Japans gilt jedoch traditionell Osaka als kulinarische Hauptstadt, noch mehr Sterne hat jedoch Kiotojjjjjjjjjjjj.

In China gilt das Essen als das *„Paradies des kleinen Mannes'*. China hat mindestens zwei Gourmetzentren: die Provinz Sichuan mit der Hauptstadt Chengdu und Guangzhou (Kanton). In China heißt es *„if China is the place for food, Sichuan is the place for flavour'* und *'All good foods are found in Chengdu'*. Andererseits gibt es den alten Spruch, *das beste ist in Suzhou geboren zu sein, in Hangzhou zu leben und in Guangzhou zu essen.*

Es gibt den Spruch, dass die *Kantonesen alles essen, was fliegt, außer Flugzeuge, alles essen, was sich auf dem Boden bewegt, außer Autos und alles essen was schwimmt, außer Schiffe*. Ein neuerer Witz geht so: was wäre, wenn ein Außerirdischer in China landen würde? Die Pekinger würden ihn im Museum ausstellen. Die Shanghaier würden ihm Tricks beibringen, um mit ihm Geld zu verdienen. Die Kantonesen dagegen würden den Außerirdischen verspeisen.

5.5 Das beste Essen Afrika und Ozeanien

Land/Region	*Kulinarische Hauptstadt*
Ägypten	Alexandria
Marokko	Fes
Südafrika	Franschhoek
Australien	Adelaide
Neuseeland	Wellington

In Afrika, wo noch in vielen Staaten Nahrungsmittelknappheit herrscht, sind bisher erst wenige kulinarische Hauptstädte identifizieret worden. So gilt die Hafenstadt Alexandria als kulinarische Hauptstadt Ägyptens, Fes gilt als Gourmethauptstadt Marokkos. In Südafrika gilt das kleine Weinbaudorf Franschhoek, 60 km östlich von Kapstadt, als kulinarische Hauptstadt. Der holländische Ortsname bedeutet ‚Franzosenwinkel'. Hier ließen sich im Jahre 1688 200 französische Hugenotten nieder. Heute findet sich hier eines der wichtigsten Weinanbaugebiete Südafrikas, hier werden Spitzenweine produziert. Wo man gut trinkt, will man auch gut essen und so wurde Franschhoek zu einer Gourmethauptstadt.

In Australien reklamieren mehrere Städte den Titel Gourmethauptstadt für sich. Melbournes Restaurantszene ist von südeuropäischen Einwanderern geprägt. In Sydney dominieren eher asiatische Restaurants. Wegen seiner guten internationalen Küche wurde Sydney bereits als kulinarische Welthauptstadt bezeichnet. Wo sich zwei streiten, freut sich der Dritte. So wird im Allgemeinen nicht Sydney oder Melbourne als Australiens kulinarische Hauptstadt gesehen, sondern das entspannte und Gourmetfreuden aufgeschlossene Adelaide.

5.6 Käse

Land	*Käsehauptstadt*
Deutschland	Nieheim (heimliche)
Niederlande	Alkmaar
USA	Monroe

Charles de Gaulle meinte einst über Frankreich ‚Wie kann man ein Land regieren, welches 246 Käsesorten hat'. Etliche französische Gemeinden wurden durch nach ihnen benannte Käsesorten berühmt, so Roquefort (Edelschimmelkäse), Camembert (Normandie, Weißschimmelkäse) oder Münsterkäse (Weichkäse aus Munster in den Vogesen). Vielleicht liegt es an der Vielfalt, weshalb Frankreich keine richtige Käsehauptstadt hat. Auch die Niederlande haben berühmte Käsesorten, so etwa Gouda und Edamer. Der Edamer Käse stammte ursprünglich auch aus Edam, während der Gouda-Käse zum Namen kam, weil er in Gouda auf dem Markt angeboten wurde. Als eigentliche Käsehauptstadt der Niederlande gilt jedoch mit Alkmaar ein Ort, nach dem keine Käsesorte benannt wurde. Ein wichtiges Käseland ist auch die Schweiz (z.B. Emmentaler, Appenzeller). Dort sind die Käsesorten eher mit Regionen, als mit Städten verbunden. Eine richtige Käsehauptstadt gibt es hier nicht. 2007 benannte man einen Schweizer Ortsteil sogar in Tilsit um, damit der Tilsiter Käse wieder eine Heimat hatte, denn das einst ostpreußische Tilsit gehört heute zu Russland und heißt mittlerweile Sowjetsk. Auch Österreich verfügt trotz Bergkäsetradition über keine Käsehauptstadt. In Deutschland gilt Nieheim in Westfalen (Nieheimer Käse) als ‚heimliche Käsehauptstadt'. In den USA gilt Wisconsin als Käsebundesstaat mit der (Schweizer) Käse-Hauptstadt Monroe. Einst war auch Philadelphia eine wichtige Käsestadt - ein Streichkäse erinnert heute noch daran.

5.7 Wurst

Land	*Wursthauptstadt*
Deutschland	Versmold
	Nürnberg (Bratwursthauptstadt)
	Berlin (Currywurst-Hauptstadt)
Frankreich	Lyon, Straßburg
Italien	Ferrara
Ungarn	Bekescsaba
USA	Chicago
Neuseeland	Tuatapere

Als deutsche Wursthauptstadt gilt die westfälische Stadt Versmold. Versmold wird auch *Wurstküche Westfalens* oder *Fettfleck Deutschlands* genannt. Als Bratwurstmetropole gilt wiederum Nürnberg. Die Thüringer reklamieren die schmackhaftesten Bratwürste für sich und sehen so auch Erfurt als Bratwurstmetropole. In Berlin wurde 1949 die Currywurst erfunden, die Berlinerin Herta Heuer ließ sich ihre Spezialsoße 1959 sogar patentieren. So kann Berlin auch als *Currywursthauptstadt* gelten.

Frankreich ist eher Käse- als Wurstland. Als Wurststädte können am ehesten Lyon (Lyoner) und Straßburg gelten. In Italien wird ebenfalls weniger Wurst als in Deutschland gegessen. Wegen der örtlichen Schweinswurst salama da sugo gilt Ferrara als die Wurststadt Italiens. In der ungarischen Wursthauptstadt Bekescsaba, bekannt für seine geräucherten Würste Csabai Kolbasz, wird jedes Jahr Ende Oktober ein Wurstfest gefeiert.

Als amerikanische Wursthauptstadt (*sausage capital*) gilt Chicago. Die Stadt, für ihre Schlachthöfe bekannt, hatte einst den Beinamen ‚Schweineschlachter der Welt'. Die kleine Landgemeinde Tuatapere (579 Einwohner) in Neuseeland sieht sich wiederum unbescheiden nicht nur als Wursthauptstadt des Landes, sondern der Welt.

5.8 Brot und Lebkuchen

Land	*Brothauptstadt*
Europa	Graz
Russland	Saratow (einst)
Neuseeland	Manaia
Land	*Lebkuchenhauptstadt*
Deutschland	Nürnberg
Frankreich	Gertwiller (Elsass)
Polen	Thorn
Russland	Tula

Deutschland war lange eines der führenden Brotländer. Doch der Trend zur Filialisierung, zu Großbäckereien und zu Billigprodukten hat eine Weiterentwicklung des Brotmarktes verhindert. Deshalb findet sich die ‚Brothauptstadt Europas' heute nicht in Deutschland, sondern in Österreich. Als solche gilt das von mittelständischen Bäckereibetrieben geprägte Graz, die ‚Genusshauptstadt Österreichs'. Bereits 1686 erschien in Graz das erste gedruckte Kochbuch Österreichs. Als Brotstadt im Osten Europas kann Memel gelten. Memel liegt heute in Litauen und heißt Klaipeda, was übersetzt Brotstadt bedeutet. Während es in Deutschland keine Brothauptstadt gibt, gibt es immerhin eine Lebkuchenhauptstadt. Als solche wird Nürnberg manchmal bezeichnet. Eine weitere Lebkuchenstadt in Deutschland ist die Pfefferkuchenhauptstadt Pulsnitz. Auch Aachen produziert Lebkuchen, dort heißen sie jedoch Printen. Und so ist Aachen Deutschlands Printenhauptstadt. Erfunden wurden die Lebkuchen übrigens im belgischen Dinant. Weitere Lebkuchenstädte sind Thorn in Polen (Thorner Lebkuchen) und Tula in Russland, eine Stadt, die einst für ihre Samowarproduktion bekannt war.

5.9 Bier

Land	*Bierhauptstadt*
Deutschland	München, Dortmund, Bamberg, Kulmbach Friesische: Jever, hessische: Pfungstadt, Saarland: Homburg
Österreich	Salzburg
Schweiz	Rheinfelden
Tschechien	Pilsen, Südböhmen: Budweis
Slowenien	Lasko
Polen	Zywiec
Litauen	Birzai
Russland	St. Petersburg
Ukraine	Lemberg (Lwiw)
Belgien	Löwen (Leuven)
Großbritannien	Burton upon Trent
Frankreich	Straßburg, Lille
USA	Milwaukee, Portland
Kanada	Victoria
Mexiko	Monterrey
Brasilien	Blumenau
Japan	Sapporo
China	Qingdao (Tsingtao)
Indien	Aurangabad
Neuseeland	Wellington

Nach der deutschen Bierhauptstadt gefragt, fällt dem Ausland meist München ein, die Stadt des Oktoberfestes. Jedoch war lange Dortmund die deutsche Stadt, in welcher am meisten Bier produziert wurde. Doch Dortmund verlor erst den Kohlebergbau, dann die Stahlindustrie und dann auch als Bierproduktionsort an Bedeutung. Noch in den 1960er Jahren kam ein Zehntel der deutschen Bierproduktion aus Dortmund, 6800

Menschen arbeiteten in Dortmunder Brauereien. Mittlerweile beschäftigt das Brauwesen in Dortmund weniger als 1000 Menschen, und mit der DAB ist nur ein namhafter Bierhersteller in der Stadt übriggeblieben und auch dieser gehört einer auswärtigen Firma (Dr. Oetker). In München gibt es immerhin noch sechs Großbrauereien, die jährlich 600 Millionen Liter Bier brauen. Kleinbetrieblicher ist die Bierbrauerei dagegen in Nordbayern, vor allem in Franken. So gilt Kennern denn auch das oberfränkische Bamberg als heimliche Bierhauptstadt Deutschlands. In Bamberg gibt es noch neun Brauereien, die immerhin 50 verschiedene Biersorten produzieren, darunter das bekannte *Schlenkerla Rauchbier*. Mit 180 Betrieben zwischen Bamberg und Coburg ist die Brauereidichte nirgends in der Welt höher als in diesem ‚Bierfranken' genannten Korridor. Als regionale Bierhauptstädte gelten Jever (Friesland), Pfungstadt (Südhessen) und Homburg (Saarland). Eine einzige Biermarke verleiht Städten wie Rheinfelden (Schweiz), Lasko und Zywiec den Titel Bierhauptstadt. Als US-Bierhauptstadt gilt das von deutschen Einwanderern geprägte Milwaukee. Eine von Kleinbrauereien gekennzeichnete US-Bierstadt ist mit 29 Betrieben Portland, *Beervana* oder auch ‚Munich on the Willamette' genannt. Die kanadische Westküstenstadt Victoria ist ähnlich von Kleinbrauereien geprägt und gilt deshalb als *Bierhauptstadt Kanadas*. Die von Deutschen gegründete südbrasilianische Stadt Blumenau richtet jedes Jahr das zweitgrößte Oktoberfest der Welt aus. Allein deshalb schon gilt sie als brasilianische Bierhauptstadt. Die Biertradition in der chinesischen Küstenstadt Qingdao (Tsingtau) geht ebenfalls auf die Deutschen zurück, die in diesem ehemaligen deutschen Protektorat die erste Brauerei errichteten. Noch heute gehört das Tsingtao-Bier zu den populärsten Bieren Chinas.

5.10 Kaffee

Land	Kaffeehauptstadt
Deutschland	Hamburg (Handel), Bremen (Röstereien)
Österreich	Wien (Kaffeehäuser)
Italien	Triest (Marken)
USA	Seattle (Starbucks)
Kanada	Vancouver
Mexiko	Coatepec (Anbau)
Costa Rica	Ehemalige: Heredia (Anbau)
Nicaragua	Matagalpa (Anbau)
Kolumbien	Manizales (Anbau)
Peru	La Merced (Anbau)
Äthiopien	Jima (Anbau)
Laos	Paksong (Anbau)
Philippinen	Batangas
Vietnam	Buon Ma Thuot
Pap.-Neuguinea	Goroka
Australien	Mareeba

‚Kaffeehauptstadt' ist ein Titel, den oft Kaffeeanbauzentren in tropischen Ländern, vor allem in Lateinamerika, tragen. Seit im Teekontinent Asien immer mehr Kaffe angebaut wird- Vietnam ist bereits nach Brasilien der weltgrößte Kaffeeproduzent- sind einige asiatische ‚Kaffeehauptstädte' dazugekommen. Weil hier die Café-Kette Starbucks 1971 gegründet wurde und noch heute ihren Hauptsitz hat wird Seattle manchmal als US-Kaffeehauptstadt tituliert. Die erste Starbucks-Filiale außerhalb der USA wurde in Vancouver eröffnet. Die italienische Hafenstadt Triest, wo Kaffee per Schiff ankommt, gilt wegen ihrer Kaffeeröstereien und Edelmarken wie Illy als Kaffeestadt. Einst endete hier die von Europas Kaffeehaushauptstadt Wien ausgehende Südbahn und brachte von dort österreichische Cafékultur ans Mittelmeer. In Deutschland gilt Bremen als Kaffeerösterstadt, Hamburg als Kaffeehandelsstadt.

6. Heilige Zahlen von Städten

Stadt	*Zahl*
Rostock	*7*
Solothurn	*11*
L´Acquila	*99*

Die sieben gilt als heilige Zahl Rostocks. Der Stadtname hat sieben Buchstaben, die Stadt sieben Tore, sieben Brücken, sieben Türme und sieben Türen und sieben uralte Linden im Rosengarten.

Für Solothurn ist 11 eine heilige Zahl. Der Stadtname hat 9 Buchstaben, aber um das Kantonskürzel ergänzt sind es 11. In Solothurn gibt es 11 Kirchen, Brunnen und Museen und sogar eine Uhr mit einem Zifferblatt, welches nur 11 Stunden zeigt. Eine monumentale Freitreppe hat 3x 11 Stufen.

Ein bisschen ist die 11 auch eine besondere Zahl für Köln. Der Bahnhof hat 11 Gleise, der 1. FC Köln hat eine Fußball-Elf, die Elf taucht im Kölnisch-Wasser 4711 auf und die Türme des Doms ergeben eine 11.

Für die italienische Stadt l´Acquila (der Adler) ist die Zahl 99 von Bedeutung. Ein wichtiger Brunnen der Stadt hat 99 Öffnungen.

Anhang

Begriffsschöpfer konkreter Stadtbeinamen

Autor	Stadtbeiname
Erdmann Wircker Beiname: 1706	*Spree-Athen* (Berlin)
Johann Gottfried Herder (1744-1803)	*Elbflorenz* (Dresden)
Johann Wolfgang von Goethe (1749-1832)	*Ilm-Athen* (Weimar)
Alexander von Humboldt (1769-1859)	*Rheinisches Nizza* (Bad Honnef)
Emanuele Repetti (1776-1852, Historiker)	*Italienisches Manchester* (Prato)
Theodor Fontane (1819-1898)	*Neapel des Nordens* (Brighton)
Carl Sandburg (1878-1967)	*City of big shoulders* *Hogbutcher of the world* (Chicago)

Literatur

Otto von Rheinsberg-Düringsfeld
Internationale Titulaturen
Leipzig 1863
http://books.google.de/books?id=GjyNKtU7L9UC&printsec=frontcover&source=gbs_navlinks_s#v=onepage&q=&f=false

Serge Debrebant, Mauritius Much
Japanische Schweine machen buubuu
Kleiner Reiseführer für Sprachliebhaber
Herder, Freiburg 2007

Robert Hoffmann
Die Entstehung einer Legende
Alexander von Humboldte angeblicher Ausspruch über Salzburg
HiN (Humboldt im Netz) VII, 2006
http://edoc.bbaw.de/oa/articles/reKJ2Z04gzW7s/PDF/26gO0BaTKmIcE.pdf

Hugo Kastner
Von Aachen bis Zypern
Geographische Namen und ihre Herkunft
Humboldt Verlag, Baden-Baden 2007

Wander
Deutsches Sprichwörterlexikon 1867-1880
http://www.zeno.org/Kategorien/T/Wander-1867

Theo Stemmler
Wie das Eisbein ins Lexikon kam
Ein unterhaltsamer Gang durch die deutsche Wortgeschichte
Dudenverlag, Mannheim 2007

Webseiten

Urbandictionary
http://www.urbandictionary.com

Big Apple
http://www.barrypopik.com/

Mundmische
(Neue umgangssprachliche Ausdrücke und Slangworte)
http://www.mundmische.de

Netlingo
Siliconia: http://www.netlingo.com/word/siliconia.php

Redensarten.de
http://www.redensarten-index.de

Städtemythos Manchester
http://hsozkult.geschichte.hu-berlin.de/forum/id=585&count=112&recno=18&type=anfragen&sort=datum&order=down

Urban Dictionary
http://www.urbandictionary.com

Zürinet, Züri Slängikon
http://zuri.net/default.asp?action=slang&upd=2&themaID=49

Molbohistorier (Geschichten zu Molbo)
http://www.molbohistorier.net/

Hessische Spitznamen
http://www.hr-online.de/website/radio/hr4/index.jsp?rubrik=54381

Thüringer Spitznamen
http://www.mdr.de/hier-ab-vier/studiogaeste/6912775.html

Wikipedia-Seiten

-List of city name changes
http://en.wikipedia.org/wiki/List_of_city_name_changes

-List van Bijnamen van Steden un dorpen
http://nl.wikipedia.org/wiki/Lijst_van_bijnamen_van_steden_en_dorpen

-List van bijnamen en spotnamen (Inwooners van plaatsen)
http://nl.wikipedia.org/wiki/Lijst_van_bijnamen_en_spotnamen

-Klein-Venedig (Begriffserklärung)
http://de.wikipedia.org/wiki/Klein-Venedig_(Begriffskl%C3%A4rung)

-Elbflorenz
http://de.wikipedia.org/wiki/Elbflorenz

-Gabrovo Humor
http://en.wikipedia.org/wiki/Gabrovo_humour

-Klein-Paris
http://de.wikipedia.org/wiki/Klein-Paris

-Ortsnecknamen
http://de.wikipedia.org/wiki/Ortsneckname

-Schildbürger
http://de.wikipedia.org/wiki/Schildb%C3%BCrger

-Wise man of Gotham
http://en.wikipedia.org/wiki/Wise_Men_of_Gotham

Danksagung

Für Hinweise und Tipps zu Redewendungen und Beinamen möchte ich Egil Eiene (Oslo), Guy Haug (Valencia), Youri Devuyst (Antwerpen) und Maria Hrabinska (Bratislava) herzlich danken.

Ein besonderer Dank gilt Dr. Jörg Berkes (Langen) für zahlreiche Korrekturhinweise zur ersten Auflage.

Weitere Beinamenbücher von Richard Deiss
(siehe www.bod.de)

Der Nabel des Mondes und die Träne im Indischen Ozean
333 Länderbeinamen und wie es zu ihnen kam
Books on Demand, Norderstedt 2019

Von der Blauen Banane zum Rhabarberdreieck
222 Regionsbeinamen und was dahintersteckt
Books on Demand, Norderstedt 2019

Schicksalsberg und Himmelsauge
777 Landschaftsbeinamen
Books on Demand, Norderstedt 2019

Hibbdebach bis Dribbdebach
222 Stadtteilbeinamen und was dahintersteckt
Books on Demand, Norderstedt 2019

Silberling und Bügeleisen
1000 Spitznamen in Transport und Verkehr und was dahinter steckt,
Books on Demand, Norderstedt 2019

Schwangere Auster und Hohler Zahn
555 Gebäudebeinamen und was dahintersteckt
Books on Demand, Norderstedt 2019

www.ingramcontent.com/pod-product-compliance
Lightning Source LLC
Chambersburg PA
CBHW031432210526
45464CB00005B/2172